집합기초론
Set Theory

이상기 · 박진우 지음

KYOWOO

머리말

집합이론은 모든 수학의 기본이며 여러 분야에서 기초로 이용되고 왔고 관계나 함수와 같이 집합의 개념은 수학의 여러 분야에서 많이 활용되고 기초가 되어 왔다.

이 책에서는 기본논리와 집합이론을 공리론적 접근보다 간단한 비 공리적인 것으로 다루었다.

이 책의 제 1부에서는 논리와 집합의 기본 이론 및 연산을 소개하고 관계로부터 함수를 도입하며 무한집합 및 가부번집합의 기본 성질을 다루었다.

제 2부에서는 기수의 기본 성질 및 기수 연산을 소개하고 또한 순서집합으로부터 선택공리와 하우스도르프의 극대원리, 조른의 보조정리, 제르멜로의 정렬원리와의 관계를 다루었다. 또한 서수의 기본 성질 및 서수 연산을 소개하였다.

따라서 이 책은 모든 학문의 기초과학인 집합론의 입문적 교재로 적합하다고 판단된다. 또한 이 책을 한 학기에 강의하기에는 상당히 많은 내용이 담겨져 있으므로 기본적인 성질만 다루고 복잡한 증명은 학생들의 자습으로 맡기는 것이 능률적일 것이다.

이 책이 현대 수학의 여러 분야의 기초를 닦는데 조그마한 도움이 되었으면 그 이상의 보람이 없겠다. 부족한 점이 많을 것으로 생각되며 미흡한 점이 에 대해서는 아낌없는 충고를 바란다.

끝으로 본서의 출판을 맡아주신 교우미디어 출판부 여러분의 노고에 진심으로 감사의 말씀을 드린다.

저자 이상기, 박진우

차례

머리말 / iii

제1부

제1장 논 리 ········ **3**
§1.1 명제와 연결자 ········ 3
§1.2 항진명제, 함의, 동치 ········ 12
§1.3 모순명제 ········ 19
§1.4 연역적 추론 ········ 22
§1.5 한정규칙 ········ 25
§1.6 타당성의 증명 ········ 29
§1.7 수학적 귀납법 ········ 35

제2장 집 합 ········ **39**
§2.1 집합과 부분집합 ········ 39
§2.2 집합의 규정 ········ 45
§2.3 합집합과 교집합 ········ 50
§2.4 여집합과 차집합 ········ 56
§2.5 벤 다이어그램 ········ 60
§2.6 집합의 첨수족 ········ 65
§2.7 역리 및 역사적 배경 ········ 72

제3장 관계와 함수 ········ **77**
§3.1 곱집합 ········ 77
§3.2 관계 ········ 84
§3.3 분할과 동치관계 ········ 92
§3.4 함수 ········ 98
§3.5 상과 역상 ········ 108
§3.6 단사와 전사 ········ 116
§3.7 함수의 합성 ········ 124

제4장 가부번집합과 비가부번집합 ······ 131
§4.1 유한집합과 무한집합 ······ 131
§4.2 집합의 대등 ······ 139
§4.3 가부번집합의 성질 ······ 144
§4.4 비가부번집합 ······ 148

제 2 부

제5장 기 수 ······ 155
§5.1 기수의 개념 ······ 155
§5.2 멱집합의 기수 ······ 162
§5.3 기수의 덧셈 ······ 165
§5.4 기수의 곱 ······ 169
§5.5 기수의 거듭제곱 ······ 173
§5.6 기수 연산 ······ 178
§5.7 연속체 가설 ······ 181

제6장 선택공리 ······ 183
§6.1 개념 ······ 183
§6.2 하우스도르프의 극대원리 ······ 188
§6.3 조른의 보조정리 ······ 193
§6.4 제르멜로의 정렬원리 ······ 196
§6.5 초한귀납법의 원리 ······ 200

제7장 서 수 ······ 205
§7.1 서수의 개념 ······ 205
§7.2 서수의 순서 ······ 208
§7.3 서수의 덧셈 ······ 212
§7.4 서수의 곱셈 ······ 216
§7.5 결론 ······ 221

❏ 부록 - 자연수에 관한 페아노의 공리 _ 227
❏ 찾아보기 _ 231

제 1 부

제1장 논리

제2장 집합

제3장 관계와 함수

제4장 가부번집합과 비가부번집합

제 1 장

논 리

사람들이 생활 현장에서 주어진 업무를 성공적으로 수행할 수 있느냐 없느냐 하는 것은 사건을 논리적으로 해석할 수 있는 능력에 달려 있다고 하겠다. 사건을 정확한 논리적 해석에 의하여 판단하고 처리하면 대부분 성공하는 반면 그렇지 못한 경우는 실패할 확률이 높다고 할 것이다. 이 때 실패의 원인은 논리적 해석력의 결핍에서 온다. 특히 이와 같은 논리적 해석력은 수학에서 매우 중요하다. 논리 공부란 논증(argument)으로부터 타당하지 않은 논증(invalid argument)과 타당한 논증(valid argument)을 구별하는데 쓰이는 제반 원리와 방법을 적용하는 방법을 익히는 것을 말한다.

이 장에서는 논증의 각 증명 단계에서 이용되고 있는 원리와 방법을 이해할 수 있도록 하는데 있다. 따라서 완전한 논리 일반을 배우려는 것이 아니고 수학에 이용될 수 있는 가장 기본적인 개념만을 소개하기로 한다.

§1.1 명제와 연결자

논리는 **명제**(statement)라는 전문적인 용어로부터 시작한다.

정의1.1 참과 거짓으로 구별될 수 있는(참과 거짓이 동시에 이루어지는 경우는 배제한다) 서술문을 **명제**(statement)라 한다.

명제가 참인지 거짓인지를 알려고 파고들 필요는 없지만 명제에는 참과 거짓 중 어느 한쪽인지 분명히 가릴만한 조건을 갖추고 있어야 한다. 명제의 참 거짓은 곧 바로 결정될 수도 있으나 경우에 따라서는 노력이 필요할 때도 있고 결론에 도달 할 수 없는 경우도 있다.

예제1.1 다음 각각은 명제이다.

(1) 대구광역시는 대한민국의 한 도시이다.

(2) $3+4$ 는 6 이다.

(3) 지금 바람이 불고 있다.

(4) 갑돌이는 군인이다.

(5) 달은 떡으로 만들어졌다.

(6) $\sqrt{3}$ 을 소수로 전개할 때 소수점 이하 100 번째 자릿수는 3 이다.

(7) 지금 밖에 비가 내린다.

위의 예들은 분명히 참과 거짓 중 어느 한 쪽을 만족한다. 즉 비가 내린다는 것은 '참이며 동시에 거짓이다'와 같이 애매하지 않다. 그러나 다음에 제시되는 것들은 참과 거짓을 구별하는 것이 무의미한 것들이다.

예제1.2 다음은 모두 명제가 아니다.

(1) 오늘 우리 집에 오너라.

(2) 아, 참으로 아름답다.

(3) 하늘은 맑다.

(4) 안녕하십니까?

(5) 순이는 예쁘다.

(6) 비싼 생활비

정의1.2 간단히 한 문장으로 이루어진 명제를 **단순명제**(simple statement)라 하고 둘 또는 그 이상의 단순명제들이 결합된 명제를 **복합명제**(compound statement)라 한다. 하나의 명제를 다른 명제와 결합시켜 나가는 과정을 **논리적 해석**이라고 한다.

하나의 명제를 다른 명제와 결합시켜 나가는 방법은 상당히 많다. 우선 간단한 것부터 설명하기로 한다.

정의1.3 〈**논리곱**(conjunction)〉

명제 p 를 「하늘은 푸르다」, 명제 q 를 「장미는 붉다」라고 할 때, 「하늘은 푸르고 장미는 붉다」를 나타내는 명제 「p 그리고 q」라는 새로운 복합명제를 만들 수 있다.

이와 같이 임의의 두 명제 p, q 사이에 연결자 「$\wedge$」를 붙여서 복합명제 「$p \wedge q$」를 만들 때, 「$p \wedge q$」를 p 와 q 의 **논리곱**(conjunction)이라 하고

p 그리고 q

p and q

등으로 읽는다.

정의1.4 $p \wedge q$ 와 같은 복합명제에 대하여 각각의 명제 p, q 를 **성분**(component)이라고 한다. 복합명제의 성분은 단순명제이거나 복합명제 일 수도 있다. 또한 두 성분으로 이루어진 복합명제에 있어서 고려해야 할 모든 가능성을 **논리적 가능성**(logical possibility)이라고 한다.

$p \wedge q$ 의 진리값은 〈표 1〉과 같이 정의한다. 명제 $p \wedge q$ 의 참과 거짓은 명제 p 와 q 의 참과 거짓에 달려 있다. 이러한 의존성을 다음과 같은 **진리표**(truth table)에 나타내면 편리하다.

〈표 1〉

p	q	$p \wedge q$
T	T	T
T	F	F
F	T	F
F	F	F

여기서 문자 T 와 F 는 각각 **참**(true), **거짓**(false)을 나타낸다.

위 〈표 1〉에서 논리적 가능성은 4가지가 있다. 여기서 그 논리적 가능성을 적어보면 다음과 같다.

(1) p 는 참이고 q 도 참이다

(2) p 는 참이고 q 는 거짓이다.

(3) p 는 거짓이고 q 는 참이다

(4) p 는 거짓이고 q 도 거짓이다.

이러한 4가지 논리적 가능성의 각각은 〈표 1〉의 각 행에 실려 있고 그 표의 마지막 열에는 $p \wedge q$ 의 진리값이 적혀 있다. 지금 그 열을 보면 단 한 경우에만 $p \wedge q$ 가 참이고 나머지는 모두 거짓인 것을 알 수 있다. 즉, 두 성분 p, q 가 모두 참일 경우에만 $p \wedge q$ 가 참이고 나머지 세 경우에는 거짓이다.

정의1.5 **〈논리합**(disjunction)**〉**

「영수는 학생이다」, 「재우는 군인이다」의 두 명제를 연결자 「또는」으로 묶어서, 「영수는 학생이거나 또는 재우는 군인이다」 라는 새로운 명제를 만들어낼 수 있다.

두 개의 명제 p, q 를 연결자 「또는」으로 묶어서 만든 새로운 명제 「p 또는 q」를 p 와 q 의 **논리합(disjunction)**이라고 하며, 기호로는 「$p \vee q$」로 표시하고

p 또는 q

p or q

등으로 읽는다. $p \vee q$ 의 진리값은 〈표 2〉에 정의한다.

〈표 2〉

p	q	$p \vee q$
T	T	T
T	F	T
F	T	T
F	F	F

〈표 2〉에서 보는 바와 같이 $p \vee q$ 의 진리값은 p 와 q 중에서 적어도 하나만 참이면 참으로 정의된다. 즉, p 와 q 가 모두 거짓일 때만 거짓이다.

정의1.6 **〈부정**(negation)**〉**

명제 「영수는 학생이다」를 부정하면 「영수는 학생이 아니다」라는 새로운 명제가 얻어진다.

한 명제 p 를 부정해서 만든 새로운 명제 「p 가 아니다」 를 p 의 **부정**(negation)이라고 하며, 기호 「$\sim p$」로 표시하고

$$p \text{ 가 아니다}$$

$$\text{not } p$$

등으로 읽는다. $\sim p$ 의 진리값은 다음 〈표 3〉과 같이 정의한다.

〈표 3〉

p	$\sim p$
T	F
F	T

〈표 3〉에서 보는 바와 같이 $\sim p$ 의 진리값은 명제 p 가 거짓일 때 참이고 p 가 참일 때 거짓이다.

예제1.3 다음 복합명제의 진리표를 작성하여라.

$$\sim [(\sim p) \wedge (\sim q)]$$

풀이 명제 $\sim [(\sim p) \wedge (\sim q)]$ 의 진리표를 작성해 보면 〈표 4〉와 같다.

〈표 4〉

p	q	$\sim p$	$\sim q$	$(\sim p) \wedge (\sim q)$	$\sim [(\sim p) \wedge (\sim q)]$
T	T	F	F	F	T
T	F	F	T	F	T
F	T	T	F	F	T
F	F	T	T	T	F

〈표 4〉의 작성법을 더 상세히 설명하면, 머리 부분에 해당하는 행에 주어진 복합명제를 꾸밀 수 있도록 그 성분들을 골라 쓴 다음, 처음 두 열에는 p 와q 의 진리값에 대한 모든 논리적 가능성을 기록한다. 다음 열에는 앞의 연결자 ($\wedge$, $\vee$, $\sim$)의 진리값 정의에 의하여 진리값을 차례로 기록한다. 마지막 열에 원하는 복합명제의 진리값을 쓴다. 이는 앞에서 제시한 진리표의 작성법 보다 훨씬 간단한 방법임을 알 수 있다.

정의1.7 **〈논리적 동치**(logically equivalent)〉

단순명제 또는 복합명제 P, Q에 대하여 모든 논리적 가능성의 각각의 경우 진리값이 같으면 P 와 Q 는 **논리적 동치**(logically equivalent) 또는 간단히 **동치**(equivalent)라

하고 이것을 「$P \equiv Q$」와 같이 나타낸다. 간단히 말하면 두 명제에 대하여 진리표가 같으면 논리적 동치이다.

예제1.4 $p \vee q$ 와 $\sim(\sim p \wedge \sim q)$ 의 진리표는 같으므로 이 두 명제는 동치이다. 즉,

$$p \vee q \equiv \sim(\sim p \wedge \sim q)$$

정의1.8 **〈조건부**(conditional)**〉**

임의의 두 명제 p 와 q 사이에 **조건부**(conditional)라고 불리는 연결자 「→」를 붙여서 복합명제 「$p \rightarrow q$」를 구성하고 이를 **조건문**이라 하며 「p 이면 q」라고 읽는다. 조건은 $p \rightarrow q$에 대하여 p를 **가정**이라 하고 q를 **결론**이라 한다. 이 조건문의 진리값은 〈표 5〉와 같이 정의한다.

〈표 5〉

p	q	$p \rightarrow q$
T	T	T
T	F	F
F	T	T
F	F	T

〈표 5〉에서 보는 바와 같이 조건부의 진리값은 가정이 참이고 결론이 거짓일 때만 거짓임을 알 수 있다.

예제1.5 $p \rightarrow q$ 와 $\sim(p \wedge \sim q)$ 는 서로 논리적동치임을 보여라.

〈표 6〉

p	q	$\sim(p \wedge \sim q)$
T	T	T
T	F	F
F	T	T
F	F	T

〈표 5〉와 〈표 6〉에서 보는 바와 같이 $p \rightarrow q$ 와 $\sim(p \wedge \sim q)$ 의 진리값은 모든 논리적 가능성의 각각의 경우 같기 때문에 논리적 동치임을 알 수 있다.

정의1.9 〈**쌍조건부**(biconditional)〉

임의의 두 명제 p 와 q 사이에 **쌍조건부**(biconditional)라고 불리는 연결자 「$\leftrightarrow$」를 붙여서 복합명제 「$p \leftrightarrow q$」를 구성하고 이를 **쌍조건문**이라 하며

p 이면, 그리고 그때에만 q

라고 읽는다. 이 쌍조건문 $p \leftrightarrow q$ 는 복합명제 $(p \to q) \wedge (q \to p)$ 와 동치인 것으로 진리값을 정의한다. 이를 진리표로 나타내면 〈표 7〉과 같다.

〈표 7〉

p	q	$p \to q$	$q \to p$	$p \leftrightarrow q$ $[\equiv (p \to q) \wedge (q \to p)]$
T	T	T	T	T
T	F	F	T	F
F	T	T	F	F
F	F	T	T	T

쌍조건문 $p \leftrightarrow q$ 의 진리값은 두 성분이 모두 참이거나 모두 거짓이면 참이고, 그 외에는 거짓이다.

연습문제 1.1

1. 다음에서 명제를 골라내고 그 진리값을 말하여라.
   (1) $1+2$는 4이다.
   (2) 투철한 군인 정신
   (3) $x+5=8$일 때, $x=3$ 이다.
   (4) 살아야할 것인가? 죽어야할 것인가?
   (5) 2025년 2월 6일에 대구의 어느 곳에 눈이 내렸다.
   (6) 아리스토텔레스는 평발이었다.
   (7) 사회주의는 그르다.
   (8) 이 자동차는 얼마입니까?
   (9) 잔디에 들어가지 마시오.
   (10) 안전띠를 매시오.

2. 다음 두 명제의 논리곱, 논리합, 부정을 말하여라.
   (1) p : 눈이 온다 q : 바람이 분다
   (2) p : $x > 5$ q : $x=5$

3. 다음 복합명제를 이루고 있는 단순명제는 무엇인가?
   (1) 박 군은 수학을 잘하고 영어도 잘 한다.
   (2) 세계대전이 일어나거나 또는 평화가 올 것이다.
   (3) 바람도 불지 않고 비도 내리지 않는다.

4. 다음 명제들의 진리표를 만들어라.
   (1) $\sim(\sim p)$
   (2) $\sim[\sim(\sim p)]$
   (3) $p \wedge p$
   (4) $\sim[p \wedge (\sim p)]$
   (5) $p \wedge \sim q$
   (6) $\sim p \wedge q$
   (7) $(p \wedge q) \wedge \sim p$
   (8) $\sim(p \wedge q)$

5. 다음의 복합명제에 있어서 논리적 가능성은 모두 몇 가지인가?
   (1) 세 개의 서로 다른 성분 p,q,r
   (2) 네 개의 서로 다른 성분 p,q,r,s
   (3) n 개의 서로 다른 성분

6. 다음 명제들의 진리표를 작성하라.
   (1) $p\vee \sim p$
   (2) $\sim(p\vee \sim p)$
   (3) $\sim(\sim p\vee \sim q)$
   (4) $\sim p\vee q$
   (5) $(\sim q)\to(\sim p)$
   (6) $q\leftrightarrow p$
   (7) $p\wedge(q\vee r)$
   (8) $(p\wedge q)\vee(p\wedge r)$
   (9) $p\vee(q\wedge r)$
   (10) $(p\vee q)\wedge(p\vee r)$
   (11) $(p\vee q)\vee r$
   (12) $p\vee(q\vee r)$

7. 명제$(\sim q)\to(\sim p)$는 명제 $p\to q$와 논리적으로 동치인가?

8. 명제 $\sim p\vee q$는 명제 $p\to q$와 논리적으로 동치인가?

9. 연습문제 6. (1)-(12)에 있는 명제 중에서 논리적으로 동치인명제들의 쌍을 구하여라.

10. 다음과 같이 주어진 복합명제를 기호와 연결자를 써서 나타내어라.
    (1) 내가 너에게 친절하지 않는 경우는 없다.
    (2) 경수가 천사라면 그녀에게 두 날개가 있다.
    (3) 고기 값이 오르면, 그리고 그 때에만 고기의 수요를 충족시키지 못한다.
    (4) 농부들이 가격을 내리거나 정부가 개입할 일이다.
    (5) 고기의 수출을 늘리거나 가축을 더 많이 사육하지 않으면 가격은 오를 것이다.

§1.2 항진명제, 함의, 동치

정의2.1 〈**항진명제**(tautology)〉

모든 논리적 가능성에 대하여 항상 참인 명제를 **항진명제**(tautology)라 한다.

단순명제 혹은 복합명제 p, q에 대하여 조건문 $p \to q$ 가 항진명제 일 때 이것을 **함의**(implication)라하고

$$p \Rightarrow q$$

와 같이 나타낸다.

예제2.1 명제 $p \lor \sim p$ 는 항진명제이다.

풀이 $p \lor \sim p$ 의 진리표를 구성해 보면 〈표 8〉과 같다.

〈표 8〉

p	$\sim p$	$p \lor \sim p$
T	F	T
F	T	T

〈표 8〉에서 모든 논리적 가능성에 대하여 참임을 알 수 있다. 따라서 명제 $p \lor \sim p$ 는 함의이다.

예제2.2 다음 조건문은 모두 함의이다.

(1) $p \to p$ (2) $(p \land q) \to (q \land p)$

(3) $p \to (p \land p)$ (4) $(p \land q) \to q$

수학이나 논리에서의 **정리**(theorem)는 참인 명제이다. 이러한 참인 명제인 정리의 타당성을 밝히는 일을 **증명**(proof)이라고 한다.

정리2.1 임의의 두 명제 p, q 에 대하여 다음이 성립한다.

(1) **합의 법칙**(law of addition-**Add.**)

$$p \Rightarrow p \lor q$$

(2) **단순화 법칙**(law of simplification−**Simp.**)

$p \wedge q \Rightarrow p$

$p \wedge q \Rightarrow q$

(3) **논리합 삼단법**(disjunctive syllogism−**D.S**)

$(p \vee q) \wedge \sim p \Rightarrow q$

(증명) 여기서는 (3) 논리합 삼단법을 증명해 보기로 한다. 명제 $(p \vee q) \wedge \sim p \rightarrow q$ 의 진리표를 만들어 보면 〈표 9〉와 같다.

〈표 9〉

$(p$	$\vee$	$q)$	$\wedge$	$\sim p$	$\rightarrow$	q
T	T	T	F	F	T	T
T	T	F	F	F	T	F
F	T	T	T	T	T	T
F	F	F	F	T	T	F

〈표 9〉의 마지막 단계의 진리값은 모두 T들만으로 이루어져 있으므로 조건문 $(p \wedge q) \vee \sim p \rightarrow q$ 는 분명히 함의이다. ◁

[참고] 〈표 9〉의 작성법을 소개하면, 각 성분 밑에 그 진리값을 적고 연결자 밑에도 해당되는 진리값을 적어서 간략하게 나타내었다. 이와 같은 방법은 앞에서 소개한 방법에 비하여 시간과 지면을 절약할 수 있다.

정의2.2 **〈동치**(equivalence)**〉**

쌍조건문 $p \leftrightarrow q$ 가 항진명제일 때 이를 **동치**(equivalence) 라하고 이것을「$p \Leftrightarrow q$」와 같이 나타내고

p 와 q 는 동치이다

라고 읽는다.

[참고] 두 명제 p, q 의 모든 논리적 가능성의 각 경우마다 이 두 명제의 진리값이 같으면 $p \Leftrightarrow q$ 이다. 역으로 $p \Leftrightarrow q$ 이면 p 와 q 의 모든 논리적 가능성의 각 경우마다

이 두 명제의 진리값은 같다. $p \Leftrightarrow q$ 와 $p \equiv q$ 는 같은 뜻을 지니므로 앞으로는 두 기호 $\Leftrightarrow$, $\equiv$를 구별 없이 사용한다.

정리2.2 임의의 두 명제 p, q 에 대하여 다음이 성립한다.

(1) **이중부정법**(law of double negation−**D.N.**)

$$\sim(\sim p) \Leftrightarrow p$$

(2) **교환법칙**(commutative laws−**Com.**)

$$p \wedge q \Leftrightarrow q \wedge p \qquad p \vee q \Leftrightarrow q \vee p$$

(3) **멱등법칙**(laws of idempotency−**Idemp.**)

$$p \wedge p \Leftrightarrow p \qquad p \vee p \Leftrightarrow p$$

(4) **대우법칙**(contrapositive law−**Contrap.**)

$$(p \rightarrow q) \Leftrightarrow (\sim q \rightarrow \sim p)$$

증명 (1), (2), (3)은 연습문제로 두고 여기서는 (4)의 증명의 개요만을 제시하기로 한다.

다음 〈표 10〉은 쌍조건문 $(p \rightarrow q) \leftrightarrow (\sim q \rightarrow \sim p)$ 의 진리표를 간단히 나타낸 것이다.

〈표 10〉

p	$\rightarrow$	q	$\leftrightarrow$	$\sim q$	$\rightarrow$	$\sim p$
T	T	T	T	F	T	F
T	F	F	T	T	F	F
F	T	T	T	F	T	T
F	T	F	T	T	T	T

〈표 10〉에 의하여 $p \rightarrow q$ 와 $\sim q \rightarrow \sim p$ 는 동치이다. 따라서 (4)가 증명되었다. ◁

정리2.3 〈**드 모르간의 법칙**(De Morgan's laws−De M.)〉

임의의 두 명제 p, q 에 대하여 다음이 성립한다.

(1) $\sim(p \wedge q) \Leftrightarrow \sim p \vee \sim q$

(2) $\sim(p \vee q) \Leftrightarrow \sim p \wedge \sim q$

증명 여기서는 이 정리 (1)을 증명하기로 한다.

다음 〈표 11〉은 쌍 조건문 $\sim(p \wedge q) \leftrightarrow (\sim p \vee \sim q)$ 의 진리표를 나타낸 것이다.

〈표 11〉

$\sim$	$(p$	$\wedge$	$q)$	$\leftrightarrow$	$(\sim p$	$\vee$	$\sim q)$
F	T	T	T	T	F	F	F
T	T	F	F	T	F	T	T
T	F	F	T	T	T	T	F
T	F	F	F	T	T	T	T

〈표 11〉에 의하면 $\sim(p\wedge q) \leftrightarrow \sim p\vee \sim q$ 는 모든 논리적 가능성에 대하여 진리값이 참이다. 따라서 (1) 이 증명되었다. ◁

정리2.4 임의의 세 명제 p, q, r 에 대하여 다음이 성립한다.

(1) **결합법칙**(associative laws−**Assoc.**)

$$(p\wedge q)\wedge r \Leftrightarrow p\wedge(q\wedge r)$$

$$(p\vee q)\vee r \Leftrightarrow p\vee(q\vee r)$$

(2) **분배법칙**(distributive laws−**Dist.**)

$$p\wedge(q\vee r) \Leftrightarrow (p\wedge q)\vee(p\wedge r)$$

$$p\vee(q\wedge r) \Leftrightarrow (p\vee q)\wedge(p\vee r)$$

(3) **추이법칙**(transitive law−**Trans.**)

$$(p\rightarrow q)\wedge(q\rightarrow r) \Rightarrow (p\rightarrow r)$$

(증명) 여기서는 분배법칙과 추이법칙이 성립함을 보인다.

명제 $p\wedge(q\vee r)$ 와 $(p\wedge q)\vee(p\wedge r)$ 의 진리표를 나타내면 〈표 12〉와 같다.

〈표 12〉

p	q	r	$q\vee r$	$p\wedge q$	$p\wedge r$	$p\wedge(q\vee r)$	$(p\wedge q)\vee(p\wedge r)$
T	T	T	T	T	T	T	T
T	T	F	T	T	F	T	T
T	F	T	T	F	T	T	T
T	F	F	F	F	F	F	F
F	T	T	T	F	F	F	F
F	T	F	T	F	F	F	F
F	F	T	T	F	F	F	F
F	F	F	F	F	F	F	F

세 성분 p, q, r 에 대한 논리적 가능성은 모두 $2^3 = 8$ 가지 있다. 〈표 12〉에 의하면 그 8가지 논리적 가능성의 각 경우마다 $p \wedge (q \vee r)$ 와 $(p \wedge q) \vee (p \wedge r)$ 의 진리값이 같다. 따라서 이 두 복합명제는 동치이다.

다음에서 볼 수 있듯이 $(p \to q) \wedge (q \to r) \to (p \to r)$ 의 진리표는 지면을 아끼기 위하여 〈표 9〉에서와 같은 방법으로 간단히 작성한다.

〈표 13〉

$(p$	$\to$	$q)$	$\wedge$	$(q$	$\to$	$r)$	$\to$	$(p$	$\to$	$r)$
T	T	T	T	T	T	T	T	T	T	T
T	T	T	F	T	F	F	T	T	F	F
T	F	F	F	F	T	T	T	T	T	T
T	F	F	F	F	T	F	T	T	F	F
F	T	T	T	T	T	T	T	F	T	T
F	T	T	F	T	F	F	T	F	T	F
F	T	F	T	F	T	T	T	F	T	T
F	T	F	T	F	T	F	T	F	T	F

이 표의 마지막 단계는 전적으로 T 값으로 이루어져 있으므로 추이법칙을 얻는다. ◁

[참고] 결합법칙에 의하여 명제 $(p \wedge q) \wedge r$, $p \wedge (q \wedge r)$ 에 있는 괄호는 불필요하게 된다. 그리하여 $p \wedge q \wedge r$ 와 함께 $p \vee q \vee r$ 은 각각 일정한 뜻을 지닌다.
마찬가지로 $p_1 \wedge p_2 \wedge \ldots \wedge p_n$ 와 $p_1 \vee p_2 \vee \ldots \vee p_n$ 도 같은 뜻으로 받아들인다.

정리2.5 임의의 명제 p, q, r, s 에 대하여 다음이 성립한다.

(1) **구성적 양도논법**(constructive dilemmas-**C.D**)

$(p \to q) \wedge (r \to s) \Rightarrow (p \wedge r \to q \wedge s)$

(2) **파괴적 양도논법**(destructive dilemmas-**D.D**)

$(p \to q) \wedge (r \to s) \Rightarrow (\sim q \vee \sim s \to \sim p \vee \sim r)$

(3) **삼단긍정법**(modus ponens-**M.P.**)

$(p \to q) \wedge p \Rightarrow q$

(4) **삼단부정법**(modus tollens-**M.T.**)

$(p \to q) \wedge \sim q \Rightarrow \sim p$

(5) **배리법**(reductio ad absurdum-**R.A**)

$(p \to q) \Leftrightarrow (p \wedge \sim q \to q \wedge \sim q)$

연습문제 1.2

1. 〈정리2.1〉의 (1), (2)를 각각 증명하여라.

2. 〈정리2.2〉의 (1), (2), (3)를 차례로 증명하여라.

3. $\sim(p \vee q) \Leftrightarrow \sim p \wedge \sim q$ 임을 증명하여라.

4. 〈정리2.4〉의 (1)를 증명하여라.

5. $p \vee (q \wedge r) \Leftrightarrow (p \vee q) \wedge (p \vee r)$ 임을 증명하여라.

6. 〈정리2.5〉의 (1), (2), (3), (4), (5)를 차례로 증명하여라.

7. $(p \leftrightarrow q) \Leftrightarrow (p \wedge q) \vee (\sim p \wedge \sim q)$ 임을 증명하여라.

8. 드 모르간의 법칙을 써서 명제 「이 함수는 도함수를 갖거나 나는 남자이다」의 부정을 일상 언어로 적어라.

9. 다음은 세 성분 p, q, r 에 대한 드 모르간의 법칙이다. 이것을 증명하여라.
   (1) $\sim(p \wedge q \wedge r) \Leftrightarrow \sim p \vee \sim q \vee \sim r$
   (2) $\sim(p \vee q \vee r) \Leftrightarrow \sim p \wedge \sim q \wedge \sim r$

10. n 개의 성분에 대한 드 모르간의 법칙을 증명 없이 그냥 일반화하여라. 필요하면 $n=3$ 인 경우의 문제 9를 참고하도록 하여라.

11. 다음 흡수법칙(absorption law)을 증명하여라.
    (1) $p \wedge (p \vee r) \Leftrightarrow p$
    (2) $p \vee (p \wedge q) \Leftrightarrow p$

§1.3 모순명제

정의3.1 항진명제에 반하여 모든 논리적 가능성의 각 경우마다 진리값이 거짓인 명제를 **모순명제**(contradiction) 또는 **항위**라고 한다.

예제3.1 명제 $p \wedge \sim p$ 는 하나의 모순이다.

〈표 14〉

p	$\sim p \wedge \sim p$	$\sim p$
T	F	F
F	F	T

예제3.2 항진 t에 의하여 $\sim t$는 모순이고 모순 c에 대하여 $\sim c$는 항진이다.

정리3.1 항진 t, 모순 c, 임의의 명제 p 에 대하여 다음이 성립한다.

(1) $p \wedge t \Leftrightarrow p,$ $\quad p \vee t \Leftrightarrow t$

(2) $p \vee c \Leftrightarrow p,$ $\quad p \wedge c \Leftrightarrow c$

(3) $c \Rightarrow p,$ $\quad p \Rightarrow t$

증명 (1) 다음과 같은 $p \wedge t \leftrightarrow p$ 의 진리표에 의하여 $p \wedge t$ 와 p 는 동치인 것을 알 수 있다.

〈표 15〉

p	$\wedge$	t	$\leftrightarrow$	p
T	T	T	T	T
F	F	T	T	F

같은 방법으로 동치 $p \vee t \Leftrightarrow t$ 의 증명도 할 수 있다.

(2) 다음 진리표에 의하여 쌍조건문 $p \vee c \leftrightarrow p$ 는 항진이다. 그러므로 $p \vee c \Leftrightarrow p$

〈표 16〉

p	$\vee$	c	$\leftrightarrow$	p
T	T	F	T	T
F	F	F	T	F

같은 방법으로 $p \wedge c \Leftrightarrow c$ 인 것도 증명할 수 있다.

(3) 두 조건문 $c \rightarrow p$, $p \rightarrow t$ 의 진리표를 보면 다음 〈표 17〉와 같다.

〈표 17〉

c	$\rightarrow$	p
F	T	T
F	T	F

p	$\rightarrow$	t
T	T	T
F	T	T

이 두 명제는 모두 항진이므로 $c \Rightarrow p$, $p \Rightarrow t$. ◁

연습문제 1.3

1. 다음을 증명하여라.

(1) $p \vee t \Leftrightarrow t$

(2) $p \wedge c \Leftrightarrow c$

(3) $\sim t \Leftrightarrow c$

(4) $\sim c \Leftrightarrow t$

(5) $(p \wedge \sim q \rightarrow c) \Leftrightarrow (p \rightarrow q)$

(6) $p \wedge (p \rightarrow q) \wedge (p \wedge \sim q) \Leftrightarrow c$

(7) $(p \rightarrow q) \Rightarrow (p \vee r \rightarrow q \vee r)$ 임을 증명하여라.

§1.4 연역적 추론

앞에서 언급한 이른바 **추론규칙**(rules of inference)으로 불리는 이들 법칙들은 논리적 동치와 함의에 대한 정당성을 주장하는데 있어서 매우 중요한 수단이 되고 있다. 이를테면 대우법칙의 경우 이 법칙은 다른 법칙과 그에 관련된 정의를 써서 **연역적**(deductively)으로 증명할 수 있다.

예제4.1 대우법칙 $(p \to q) \Leftrightarrow (\sim q \to \sim p)$ 를 다른 추론규칙과 그에 관련된 정의를 이용하여 증명하여라.

풀이

$(p \to q)$	$\Leftrightarrow \sim (p \wedge \sim q)$	〈예제1.5〉
	$\Leftrightarrow \sim (\sim q \wedge p)$	〈Com.〉
	$\Leftrightarrow \sim [\sim q \wedge \sim (\sim p)]$	〈D.N.〉
	$\Leftrightarrow (\sim q \to \sim p)$	〈예제1.5〉

그러므로 $(p \to q) \Leftrightarrow (\sim q \to \sim p)$

여기서의 증명은 진리표에 의한 증명과는 다르다. 이를 **연역적추론**(deductive reasoning) 또는 **연역적방법**(deductive method)이라고 한다. 일반적으로 연역적추론에는 정의, 전제로 세운 공리, 정리, 추론규칙 등을 활용하여 결론을 얻는다.

예제4.2 연역적 추론으로 논리합 삼단논법 $(p \vee q) \wedge \sim p \Rightarrow q$ 를 증명하여라.

풀이

$(p \vee q) \wedge \sim p$	$\Leftrightarrow \sim p \wedge (p \vee q)$	〈Com.〉
	$\Leftrightarrow (\sim p \wedge p) \vee (\sim p \wedge q)$	〈Dist.〉
	$\Leftrightarrow c \vee (\sim p \wedge q)$	〈$\sim p \wedge p \Leftrightarrow c$〉
	$\Leftrightarrow (\sim p \wedge q) \vee c$	〈Com.〉
	$\Leftrightarrow \sim p \wedge q$	〈$p \vee c \Leftrightarrow p$〉
	$\Rightarrow q$	〈Simp.〉

그러므로 $(p \vee q) \wedge \sim p \Rightarrow q$.

예제4.3 다음 **이출법칙**(exportation law)을 연역적 추론으로 증명하여라.

$$(p \wedge q) \rightarrow r \Leftrightarrow [p \rightarrow (q \rightarrow r)]$$

풀이 $[p \rightarrow (q \rightarrow r)] \Leftrightarrow [p \rightarrow \sim (q \wedge \sim r)]$ 〈예제1.5〉

$\Leftrightarrow \sim [p \wedge (q \wedge \sim r)]$ 〈예제1.5, D.N〉

$\Leftrightarrow \sim [(p \wedge q) \wedge \sim r]$ 〈Assoc.〉

$\Leftrightarrow (p \wedge q \rightarrow r)$ 〈예제1.5〉

그러므로 $[p \rightarrow (q \rightarrow r)] \Leftrightarrow (p \wedge q) \rightarrow r$.

예제4.4 역적 추론으로 $(p \rightarrow r) \vee (q \rightarrow s) \Leftrightarrow (p \wedge q \rightarrow r \vee s)$ 를 증명하여라.

풀이 $(p \rightarrow r) \vee (q \rightarrow s) \Leftrightarrow [\sim (p \wedge \sim r)] \vee [\sim (q \wedge \sim s)]$

$\Leftrightarrow (\sim p \vee r) \vee (\sim q \vee s)$ 〈De M.,D.N〉

$\Leftrightarrow (\sim p \vee \sim q) \vee (r \vee s)$ 〈Com.,Assoc.〉

$\Leftrightarrow \sim [(p \wedge q) \wedge \sim (r \vee s)]$ 〈De M.,D.N〉

$\Leftrightarrow (p \wedge q \rightarrow r \vee s)$

그러므로 $(p \rightarrow r) \vee (q \rightarrow s) \Leftrightarrow (p \wedge q \rightarrow r \vee s)$

> **[참고]** 일반적으로 동치와 함의에 대한 증명에 있어서 진리표보다도 연역적추론을 더 선호한다. 그 이유는 다음과 같은 비교를 통해서 쉽게 알 수 있다. 이를테면 〈예제 4.4〉에서의 동치를 진리표로 증명하려면 $16(=2^4)$ 경우 큰 진리표를 작성하지 않으면 안된다. 그러나 예제 4.4 의 풀이에서는 단지 짧은 다섯 과정만으로 동치의 증명을 끝낼 수 있다.

연습문제 1.4

1. 다음을 연역적방법으로 증명하여라.

   (1) 삼단긍정법 $(p \to q) \wedge p \Rightarrow q$

   (2) 삼단부정법 $(p \to q) \wedge \sim q \Rightarrow \sim p$

   (3) 배리법 $(p \to q) \Leftrightarrow (p \wedge \sim q \to c)$

   (4) 논리합삼단논법 $(p \vee q) \wedge \sim p \Rightarrow q$

   (5) $c \Rightarrow p$

   (6) $(p \to q) \Leftrightarrow (p \to p \wedge q)$

   (7) $(p \to q) \Leftrightarrow (p \vee q \to q)$

   (8) $(p \to q) \Leftrightarrow \sim p \vee q$

   (9) $(p \to r) \wedge (q \to r) \Leftrightarrow (p \vee q \to r)$

   (10) $(p \to q) \wedge (p \to r) \Leftrightarrow (p \to q \wedge r)$

   (11) $(p \to q) \wedge (p \to \sim q) \Leftrightarrow \sim p$

   (12) $(p \to q) \vee (p \to r) \Leftrightarrow (p \to q \vee r)$

   (13) $(p \to r) \vee (q \to r) \Leftrightarrow (p \wedge q \to r)$

§1.5 한정규칙

<전칭기호(universal quantifier)>

일반적으로 토론을 진행하는 데 있어서는 염두에 둔 성질을 지닌 것들의 모임을 **대상영역**(domain of discourse)또는 **모집단**(universe of discourse)이라고 한다. 이를테면 명제

모든 사람은 죽기 마련이다

의 대상영역은 인류이다. 이와 같이 대상영역을 이용함으로써 앞의 명제를 다음과 같이 나타낼 수 있다.

대상영역의 모든 x 에 대하여 x 는 죽기 마련이다.

여기서 관용구 「대상영역의 모든 x 에 대하여」를 **전칭기호**(universal quantifier)라 하고 이것을

$(\forall x)$ 또는 간단히 $\forall x$

로 나타낸다. 이 경우 문장 「x 는 죽기 마련이다」는 x 에 관하여 무엇인가를 언급하고 있다. 이 문장을 새로운 기호 $p(x)$로 나타냄으로써 일반적 명제인 「모든 사람은 죽기 마련이다」를 다음과 같이 나타낼 수 있다.

$(\forall x)\ p(x)$ 또는$\forall x,\ p(x)$

<존재기호(existential quantifier)>

명제 「어느 사람은 죽기 마련이다」를 생각할 경우 대상영역은 역시 인류이다. 이러한 대상영역을 염두에 두고 위 명제를 다음과 같이 나타낼 수 있다.

죽기 마련인 사람이 적어도 한 명 존재한다.

적어도 하나의 x 가 존재함으로써 x 는 죽는다.

적어도 하나의 x 가 존재함으로써 $p(x)$

여기서 관용구 「적어도 하나의 x 가 존재함으로써」를 **존재기호**(existential quantifier)라하고 이것을

$(\exists x)$ 또는 간단히 $\exists x$

로 나타낸다. 지금 소개한 존재 기호를 써서 위의 명제를 다음과 같이 나타낼 수 있다.

$(\exists x)\ p(x)$ 또는 $\exists x,\ p(x)$

일반적으로 대상영역 U의 임의의 변수 x에 관한 일반명제 이른바 **명제술어**(propositional predicate) $p(x)$를 생각할 때 $(\forall x)\ p(x)$는 U에 속하는 모든 x에 대하여 $p(x)$가 참인 것을 주장하는 명제이고 $\exists x\ p(x)$는 U에 속하는 x가 (적어도 하나) 존재한다는 것을 주장하는 명제이다.

[참고] 전칭기호와 존재기호를 **한정기호**(quantifier)라고 한다. 초등수학에서는 간소화를 위해서 한정기호를 생략한다. 이를테면, 중 고등학교 교과서에 있는 등식

$$(x+1)(x-1)=x^2-1$$

은 모든 실수 x에 대하여 성립하는 것으로 이해하여야 한다. 수학에 있어서「각 x에 대하여」혹은「모든 x에 대하여」는 같은 뜻으로 받아들이는 어느 경우나 기호「$\forall x$」로 나타내다. 한편「적당한 x에 대하여」와「x가 존재함으로써」는 같은 뜻으로서 어느 것이나 기호 $\exists x$로 나타낸다. 그리고 형식적인 표현을 다소 피하려면 흔히 한정기호를 명제 앞에 적는다. 이를테면,「$f(x)=0$, 모든 것에 대하여」는 바로

$$(\forall x)\ f(x)=0 \text{ 또는 } \forall x,\ f(x)=0$$

과 같다.

<한정기호의 부정>

논리와 수학에 있어서 명제「U에 속하는 모든 x에 대하여 $p(x)$」의 부정 즉, $\sim[\forall x,\ p(x)]$는「U에 속하는 적어도 하나의 x에 대하여 $p(x)$는 아니다」이다.

즉, $[\exists x,\ \sim p(x)]$를 주장하는 명제이다.

마찬가지로 $\sim[\exists x,\ p(x)]$는「U에 속하는 어떤 x에 대해서도 $p(x)$는 아니다.」또는「U에 속하는 모든 x에 대하여 $p(x)$는 아니다」이다.

다시 말하면 $\forall x,\ \sim p(x)$와 같은 것으로 생각한다. 이러한 부정을 요약하면 다음과 같다.

◆ **한정기호의 부정규칙(rule of quantifier negation-Q.N.)**

주어진 영역 U에 속하는 임의의 변수 x에 관한 명제술어 $p(x)$에 대하여 다음이 성립한다.

$$\sim[(\forall x)\ p(x)] \equiv (\exists x)(\sim p(x))$$
$$\sim[(\exists x)\ p(x)] \equiv (\forall x)(\sim p(x))$$

여기서 논리적 동치 기호 $\equiv$ 는 그 양변에 있는 두 한정된 명제가 논리적으로 같다는 뜻이다. 사실 이러한 뜻으로 쓰여진 $\equiv$ 의 사용법은 다음에서 볼 수 있듯이 두 명제 사이의 논리적동치를 나타낼 때 쓰였던 $\Leftrightarrow$ 의 사용법과 같다.

[참고] 명제 $\forall x,\ p(x)$ 와 $\exists x,\ p(x)$ 를 더욱 잘 이해하기 위하여 주어진 대상영역이 유한개 $a_1, a_2, \ldots, a_n$ 으로 이루어졌을 경우를 알아본다. 이때 $\forall x,\ p(x)$ 는, 모든 $a_1, a_2, \ldots, a_n$ 에 대하여 $p(x)$ 가 참, 즉 $p(a_1), p(a_2), \ldots, p(a_n)$ 의 논리곱이 참이면, 그리고 그때에만, 참이다. 따라서 $\forall x,\ p(x)$ 는

$$p(a_1) \wedge p(a_2) \wedge \ \ldots \ \wedge p(a_n)$$

를 뜻한다. 마찬가지로 $\exists x,\ p(x)$ 는

$$p(a_1) \vee p(a_2) \vee \ \ldots \ \vee p(a_n)$$

를 뜻한다.

이상으로 한정기호의 부정규칙은 **드 모르간의 법칙**의 일반화임을 알 수 있다.

예제5.1 다음 중 어느 것이 명제 「모든 뱀에는 독이 있다」의 부정과 동치인가?

(1) 모든 뱀에는 독이 없다.

(2) 독이 있는 뱀이 있다.

(3) 독이 없는 뱀이 있다.

풀이 모든 뱀의 영역을 U,(U 에 속하는)임의의 변수 x 에 대하여 「x 에는 독이 있다」를 나타내는 명제술어를 $p(x)$ 라 할 때, 주어진 명제는 $\forall x,\ p(x)$ 가 된다. 한편 명제 (3)은 $\exists x,\ \sim p(x)$ 로 나타내어지는데 한정기호의 부정규칙에 의하여 $\sim[\forall x,\ p(x)]$ 와 $\exists x,\ \sim p(x)$ 는 동치이다. 그러므로 구하는 명제는 (3)이다. (2)는 $\exists x,\ p(x)$ 로 쓸 수 있다.

연습문제 1.5

1. 초등대수에서는 다음과 같은 명제를 다룬다.

   방정식 $x^2 - 3x + 2 = 0$ 에는 해가 존재한다.

   한정기호를 써서 이 명제를 논리적 언어로 나타내어라. 또 변수 x 이 속하는 대상영역을 말하여라.

2. 한정기호의 부정규칙을 써서 다음 각각의 부정과 동치인 명제를 구하여라.
   (1) 모든 뱀은 파충류이다.
   (2) 말 중에는 온순한 것도 있다.
   (3) 수학자 중에는 사교적인 사람이 있다.
   (4) 모든 여학생은 매력이 있거나 똑똑하다.
   (5) 귀엽지 않은 아기는 없다.

3. 〈문제 2〉의 각 명제에서 생각할 수 있는 대상영역을 말하여라.

4. $\sim[\forall x,\ q(x)] \Leftrightarrow \exists x, \sim q(x)$ 로 다음을 유도하여라.

   $\sim[\exists x,\ p(x)] \Leftrightarrow \forall x, \sim p(x)$

5. $\sim[\exists x,\ q(x)] \Leftrightarrow \forall x, \sim q(x)$ 로 다음을 유도하여라.

   $\sim[\forall x,\ p(x)] \Leftrightarrow \exists x, \sim p(x)$

6. 다음을 각각 증명하여라. (힌트 : Q.N을 이용하여라).

   $\sim[\forall x, \sim q(x)] \Leftrightarrow \exists x,\ q(x)$,

   $\sim[\exists x,\ \sim q(x)] \Leftrightarrow \forall x,\ q(x)$

§1.6 타당성의 증명

우리에게 주어진 중요한 과제 중의 하나는 논증을 점검하는 일이다.

가정(hypotheses) 또는 **전제**(premise)로 불리는 명제로부터 **결론**(conclusion)이라고 불리는 명제를 논리적으로 유도하는 과정을 **논증**(argument)이라 한다.

이를테면 다음은 네 명제 $H_1 - H_4$ 는 모두 가정이고 마지막 명제가 결론인 논증을 나타낸다.

〈가정〉

H_1 : 영수가 의학을 전공한다면 그는 부유한 생활을 하게 될 것이다.

H_2 : 영수가 예술을 전공한다면 그는 멋진 생활을 하게 될 것이다.

H_3 : 영수가 부유한 생활 또는 멋진 생활을 하려면 대학등록금을 낭비하여서는 안된다.

H_4 : 영수는 대학등록금을 낭비하고 있다.

〈결론〉

C : 따라서 영수는 의학과 예술을 전공하지 않고 있다.

위의 논증에 대한 가정과 결론을 각각 다음과 같은 문자로 나타내기로 한다.

M : 영수는 의학을 전공한다.

E : 영수는 부유한 생활을 할 것이다.

A : 영수는 예술을 전공한다.

L : 영수는 멋진 생활을 하게될 것이다.

W : 영수는 대학등록금을 낭비한다.

이러한 문자들과 연결자를 써서 주어진 논증을 다음과 같은 형식으로 나타낼 수 있다.

H_1 : $M \rightarrow E$

H_2 : $A \rightarrow L$

H_3 : $(E \vee L) \rightarrow \sim W$

H_4 : W

C : $\sim M \wedge \sim A$

위 논증의 **타당성**(validity)을 진리표로 밝히려면 $32 = (2^5)$ 행을 지닌 큰 표를 작성해야 한다. 그러나 추론의 규칙을 이용하면 불과 몇 단계로 가정에서 결론을 내림으로써 논증의 타당성을 증명할 수 있다.

그 증명 과정을 소개하면 다음과 같다.

우선 삼단부정법과 드 모르간의 법칙을 이용하면 두 가정 H_3 과 H_4 즉 $(E \wedge L) \rightarrow \sim W$, W 로부터 $\sim(E \vee L)$ 혹은 이것과 동치인 $\sim E \wedge \sim L$ 이 참인 명제임을 유도한다. 또, 단순화법칙에 의하여 $\sim E \wedge \sim L$ 로부터 $\sim E$ 와 $\sim L$ 이 참임을 유도하는 것은 타당하다. 한편 가정 H_1 인 $M \rightarrow E$ 와 $\sim E$ 로부터 $\sim M$ 을 얻는 것도 타당하다. 마찬가지로 가정 H_2 : $A \rightarrow L$ 과 $\sim L$ 로부터 $\sim A$ 를 유도하고 마침내 $\sim M$ 과 $\sim A$ 의 논리곱에 의하여 결론 $\sim M \wedge \sim A$ 를 내릴 수 있다.

타당성의 증명을 간편한 형식으로 나타내려면 한 쪽에 가정과 그로부터 유도된 명제들을 나열하고 각 단계마다의 정당성을 적도록 한다. 이 경우 각 단계에서의 **정당성**(justification)이란 바로 그 단계에 주어져 있는 명제에 앞서 있는 명제이거나 추론의 규칙을 가르친다.

특히 쉬운 추론의 경우에는 가정과 그로부터 유도된 명제에 일일이 번호를 매기고 결론만은 마지막 단계의 오른쪽에 적어 두면 편리하다. 이 때 마지막 단계와 결론 사이에 빗금을 쳐서 그 위의 명제는 모두 가정을 나타내도록 한다. 이를테면 앞의 논증에 대한 타당성의 형식적 증명을 다음과 같이 할 수 있다.

1. $M \rightarrow E$ 〈가정〉
2. $A \rightarrow L$ 〈가정〉

3. $(E \vee L) \rightarrow \sim W$ 〈가정〉
4. $W /\ \sim M \wedge \sim A$ 〈가정/결론〉

---

5. $\sim(\sim W)$ 〈4. D.N.〉
6. $\sim(E \vee L)$ 〈3,5. M.T.〉
7. $\sim E \wedge \sim L$ 〈6. De M.〉
8. $\sim E$ 〈7. Simp.〉
9. $\sim L$ 〈7. Simp.〉
10. $\sim M$ 〈1,8. M.T.〉
11. $\sim A$ 〈2,9. M.T.〉
12. $\sim M \wedge \sim A$ 〈10. 11. 결론〉

> **[참고]** 논증의 **형식적 증명**(formal proof)은 논증에서의 결론을 이끌어 낼 수 있는 일련의 명제를 가르키며 그 각각은 전제이거나 아니면 앞선 명제로부터 이미 알려진 타당한 논증에 의하여 유도된 명제이다.

예제6.1 아래 소괄호 안의 기호를 써서 다음 논증에 대한 타당성의 형식적 증명을 하여라.

원재가 위원회 회장으로 선출되거나 한수와 라경이는 부회장으로 선출된다. 원재가 회장으로 선출되거나 한수가 부회장으로 선출되면 달식이는 항의서를 제출할 것이다. 따라서 원재가 위원회 회장으로 선출되거나 달식이는 항의서를 제출한다.

(증명) 1. $W \vee (H \wedge L)$
2. $W \vee H \rightarrow D / W \vee D$

---

3. $(W \vee H) \wedge (W \vee L)$ 〈1. Dist〉
4. $W \vee H$ 〈3. Simp.〉
5. D 〈2,4. M.P.〉
6. $D \vee W$ 〈5. Add.〉
7. $W \vee D$ 〈6. Com.〉 ◁

논증에 대한 타당성의 형식적 증명으로서 또 다른 방법이 있는데 이른바 **간접증명법**(method of indirect proof) 또는 **배리법** 등이 그것이다. 그런데 간접증명법은 논증의 결론의 부정을 하나의 새로운 전제로서 주어진 가정에 덧붙임으로써 모순을 이끌어내는 방법을 말한다.

예제6.2 다음 논증의 타당성을 간접증명법으로 증명하여라.

$p \vee q \rightarrow r$

$s \rightarrow p \wedge u$

$q \vee s \ / \ r$

증명

1.	$p \vee q \rightarrow r$	
2.	$s \rightarrow p \wedge u$	
3.	$q \vee s / r$	
4.	$\sim r$	〈간접증명〉
5.	$\sim (p \vee q)$	〈1,4, M.T.〉
6.	$\sim p \wedge \sim q$	〈5, De M〉
7.	$\sim p$	〈6, Simp.〉
8.	$\sim q$	〈6, Simp.〉
9.	s	〈3,8, D.S.〉
10.	$p \wedge u$	〈2,9, M.P.〉
11.	p	〈10, Simp.〉
12.	$p \wedge \sim p$	〈7,11, 논리곱〉

위 단계 12의 명제 $p \wedge \sim p$ 는 모순이다. ◁

간접증명에 반하여 앞에서 도입한 바 있는 논증의 타당성의 증명은 **직접증명**(direct proof)이라고 한다. 수학적 증명에서는 직접증명 또는 간접증명을 활용할 수 있으나 증명법의 선택은 취향과 편리함에 달려있다.

연습문제 1.6

1. 다음 각 논증에 대하여 직접증명과 간접증명을 하고 어느 증명이 더 많은 단계를 거치는가 비교하여라.

(1) $A \vee (B \wedge C)$
$B \rightarrow D$
$C \rightarrow E$
$D \wedge E \rightarrow A \vee C$
$\sim A / C$

(2) $B \vee (C \rightarrow E)$
$B \rightarrow D$
$\sim D \rightarrow (E \rightarrow A)$
$\sim D / C \rightarrow A$

(3) $(A \vee B) \rightarrow (A \rightarrow D \wedge E)$
$A \wedge C / E \vee F$

(4) $A \vee B$
$\sim B \vee C / A \vee C$

(5) $B \vee C \rightarrow B \wedge A$
$\sim B / \sim C$
$\sim B \vee E / B \rightarrow D \wedge E$

(6) $A \wedge B \rightarrow C$
$(A \rightarrow C) \rightarrow D$

2. 다음 논증을 기호화하고 증명하여라.

(1) 나는 소고기를 먹을 때만 소화불량에 걸린다.
나는 소화불량이다

따라서, 나는 소고기를 먹었다.

(2) 명수가 좋은 직업을 가지면 그는 수입이 많을 것이다.
명수가 가난하면 그는 많은 수입을 갖지 못한다.

따라서, 명수가 좋은 직업을 가지고 있으면 가난하지 않다.

3. 아래 괄호 안의 기호를 이용하여 다음 논증을 증명하여라.

(1) 인구가 급속히 증가하고 생산량이 머물러 있으면 물가는 오른다.

물가가 오르면 정부가 통제할 것이다.

내가 부자라면 물가상승을 걱정하지 않을 것이다.

내가 부자가 아니라 함은 참이 아니다.

정부가 물가상승을 통제하지 않거나, 나는 물가상승을 걱정한다.

그러므로 인구는 급속히 증가하고 생산량은 그대로 머물러있다 함은 참이 아니다

(2) 원재 또는 한수가 이긴다면 라경이와 순영은 소리칠 것이다. 순영은 소리치지 않는다.

그러므로 원재는 이기지 못한다.

(3) 내가 이 과목을 신청하여 열심히 공부한다면 좋은 학점을 받을 것이다.

내가 좋은 학점을 받으면 행복할 것이다.

나는 행복하지 않다.

그러므로 나는 이 과목을 신청하지 않았거나 열심히 공부하지 않았다.

§1.7 수학적 귀납법

논증의 또 다른 증명방법으로는 다음과 같은 **수학적 귀납법**(mathematical induction)이 있다. 그런데 이 귀납법은 자연수 n 에 관한 수학적 명제 $p(n)$ 의 타당성을 증명하는데 있어서 매우 유용하다.

<수학적 귀납법>

자연수 n 에 관한 명제술어 $p(n)$ 에 대하여

(1) $p(1)$ 이 참이다.

(2) 임의의 자연수 k 에 대하여, $p(k)$이 참이면 $p(k+1)$이 참이다.

그러면 모든 자연수 n 에 대하여 $p(n)$ 이 참이다.

위의 원리는 자연수에 관한 **페아노의 공리**(Peano's Axioms)들 중의 하나의 결과인데 그 공리들은 이 책의 부록에 참고용으로 실려있다.

수학적 귀납법의 원리를 적용하여 정리의 증명을 하려면 그 정리는 자연수에 관한 몇몇 경우로 나누어질 수 있는 것이라야 한다. 그래서 위의 두 조건을 모두 확인하여야 한다. 보통 (1)의 확인은 쉽지만 그것을 통하여 주어진 정리는 적어도 $n=1$의 경우 참임을 보여야 한다. 또 (2)를 확인하려면 가정 「$p(k)$ 는 참이다」로부터 결론 「$p(k+1)$ 는 참이다」를 유도할 수 있는 **보조 정리**를 증명하여야 한다.

여기서 가정 「$p(k)$ 는 참이다」를 **귀납적 가정**(induction hypothesis) 이라고 한다.

예제7.1 모든 자연수 n 에 대하여 다음 등식이 성립한다.

$$1+2+3+\cdots+n \;=\; n(n+1)/2$$

이것을 수학적 귀납법으로 증명하여라.

(증명) 모든 자연수 n 에 관한 위의 등식을 나타내는 명제술어를 $p(n) = 1+2+3+\cdots+n \;=\; n(n+1)/2$로 놓는다.

(1) $n=1$ 일 때 위 등식은 좌변은 1, 우변은 $1(1+1)/2=1$

그러므로 $1 = 1(1+1)/2 = 1$ 따라서 $p(1)$ 은 참이다.

(2) $n=k$ 일 때 $p(k)$, 즉 $1+2+3+\cdots+k = k(k+1)/2$이 참이라고 가정한다. 지금 이 등식의 양변에$(k+1)$ 를 각각 더하면

$$\begin{aligned} & 1+2+3+\cdots+k+(k+1) \\ &= [k(k+1)/2]+(k+1) \\ &= [k(k+1)/2]+[2(k+1)/2] \\ &= (k+1)(k+2)/2 \\ &= (k+1)((k+1)+1)/2 \end{aligned}$$

즉, $1+2+3\cdots+k+(k+1) = (k+1)((k+1)+1)/2$

그러므로 $p(k+1)$은 참이다. 따라서 수학적 귀납법의 두 조건 (1), (2)는 모두 성립한다. 이상으로 수학적 귀납법에 의하여 모든 자연수 n 에 관한 주어진 등식이 성립한다. ◁

수학적 귀납법의 개념은 자연수에 관련된 정의를 내리는 데에도 이용된다. 이를테면 하나의 미지수 x 의 거듭제곱(power)의 정의를 다음과 같이 내린다. 임의의 자연수 n 에 대하여

$$x^1 = x\ ,\ \ x^2 = x^1 \cdot x,\ \ \cdots\ \ ,\ \ x^{n+1} = x^n \cdot x$$

또 다른 응용으로써 다음과 같이 기호 $C(n,r)$ 에 대하여 귀납적 정의를 내린다.

정의7.1 자연수 n 과 음이 아닌 정수 r 에 관한 기호 $C(n,r)$ 을 다음과 같이 정의한다. 임의의 r $(r \neq 0)$ 에 대하여

$$C(0,0)=1,\ \text{만약 } n<r\text{이라면 } C(n,r)=0,\ \ C(n+1,r)=C(n,r)+C(n,r-1)$$

정리7.1 $0 \leq r \leq n$ 인 정수 n 과 r 에 대하여 다음 등식이 성립한다.

$$C(n,r) = \frac{n\,!}{r\,!\,(n-r)\,!}$$

여기서 $n>0$ 이면 $n\,!$ 은 1부터 n 까지 잇따른 자연수의 곱 $n \cdot (n-1) \cdots 3 \cdot 2 \cdot 1$ 을 나타낸다. 특히 $n=0$ 이면 $0\,! = 1$ 인 것으로 정한다.

정리7.2 **〈이항정리**(Binomial theorem)**〉** 임의의 자연수 n 과 두 변수 x,y 에 대하여 다음 등식이 성립한다.

$$(x+y)^n = C(n,0)x^n + C(n,1)x^{n-1}y + \cdots + C(n,r)x^{n-r}y^r + \cdots + C(n,n)y^n$$

(증명) 이 정리를 수학적 귀납법으로 증명하기로 한다.

우선 $n=1$ 일 때 위 등식은 분명히 성립한다. 이제 $n=k$ 일 때 다음 등식이 성립한다고 가정한다.

$$(x+y)^k = C(k,0)x^k + C(k,1)x^{k-1}y + \cdots + C(k,r)x^{k-r}y^r + \cdots + C(k,k)y^k$$

이 등식의 양변에 각각 $x+y$ 를 곱하면

$$\begin{aligned}(x+y)^{k+1} &= (x+y)x^k + C(k,1)x^{k-1} + \cdots + C(k,r)x^{k-r}y^r + \cdots + C(k,k)y^k \}\\ &= x^{k+1} + \{C(k,0) + C(k,1)\}x^k y + \cdots \\ &\quad + \{C(k,r-1) + C(k,r)\}x^{(k+1)-r}y^r + \cdots + C(k,k)y^{k+1} \\ &= C(k+1,0)x^{k+1} + C(k+1,1)x^k y + \cdots \\ &\quad + C(k+1,r)x^{(k+1)-r}y^r + \cdots + C(k+1,k+1)y^{k+1}\end{aligned}$$

즉, $(x+y)^{k+1} = C(k+1,0)x^{k+1} + C(k+1,1)x^k y + \cdots$
$$+ C(k+1,r)x^{(k+1)-r}y^r + \cdots + C(k+1,k+1)y^{k+1}$$

그러므로 $n=k+1$ 일 때에도 주어진 등식이 성립한다. 따라서 수학적 귀납법에 의하여 모든 자연수 n 에 대하여 앞의 이항정리는 참이다. ◁

이항정리에서 $C(n,r)$을 **이항계수**(binomial coefficient)라고 한다.

연습문제 1.7

1. 수학적 귀납법으로 정리 7.1을 증명하여라.

2. 모든 자연수 n 에 대하여 다음 등식이 성립함을 보여라.

   $C(n,0) = C(n,n)$

3. 모든 자연수n 에 대하여 다음 등식이 성립함을 수학적 귀납법으로 증명하여라.

   $$1 \cdot 2 + 2 \cdot 3 + \cdots + r(r+1) + \cdots + n(n+1) = \frac{1}{3}n(n+1)(n+2)$$

4. 모든 자연수 n 에 대하여 다음 등식이 성립함을 수학적 귀납법으로 증명하여라.

   (1) $1^2 + 2^2 + 3^2 + \cdots + n^2 = \frac{1}{6}n(n+1)(2n+1)$

   (2) $1^3 + 2^3 + 3^3 + \cdots + n^3 = \frac{1}{4}n^2(n+1)^2$

   (3) $1 + 3 + 5 + \cdots + (2n-1) = n^2$

5. 모든 자연수n 에 대하여 다음 등식이 성립함을 증명하여라.

   $$\frac{1}{1 \cdot 2} + \frac{1}{2 \cdot 3} + \frac{1}{3 \cdot 4} + \cdots + \frac{1}{n(n+1)} = \frac{n}{(n+1)}$$

6. 다음 일반 드 모르간의 법칙을 증명하여라.

   (1) $\sim(p_1 \wedge p_2 \wedge \cdots \wedge p_n) \equiv \ \sim p_1 \vee \sim p_2 \vee \cdots \vee \sim p_n$

   (2) $\sim(p_1 \vee p_{2\vee} \cdots \vee p_n) \equiv \ \sim p_1 \wedge \sim p_2 \wedge \cdots \wedge \sim p_n$

7. 다음 일반 분배법칙을 증명하여라.

   (1) $p \wedge (q_1 \vee q_2 \vee \cdots \vee q_n) \equiv (p \wedge q_1) \vee (p \wedge q_2) \vee \cdots \vee (p \wedge q_n)$

   (2) $p \vee (q_1 \wedge q_2 \wedge \cdots \wedge q_n) \equiv (p \vee q_1) \wedge (p \vee q_2) \wedge \cdots \wedge (p \vee q_n)$

제 2 장

집 합

집합의 개념은 수학의 전 분야에서 기본이 된다. 즉, 모든 수학적 이론은 집합으로부터 출발한다. 그러나 「집합이란 무엇인가?」에 대답하기는 어려운 일이다. 이 책에서는 복잡한 공리적 방법으로 집합이론에 접근하기보다는 칸토르(Georg Cantor, 1845~1918)가 착상한 집합의 직관적 정의를 받아 들이기로 한다.

§2.1 집합과 부분집합

정의1.1 〈**집합**(set)〉

직관 또는 사고의 대상으로서 서로 뚜렷이 구분되는 대상들의 모임을 **집합**(set)이라고 한다.

집합의 대상은 다음 예제에서와 같이 수, 사람, 문자, 강, 동물 등 어느 것도 될 수 있다. 이 대상들을 집합의 **원소**(elements) 혹은 **성분**(members)이라고 한다.

예제1.1 다음은 모두 집합의 보기이다.

(1) 수 1, 5, 7과 10의 모임

(2) 이 교실의 모든 의자들의 모임

(3) 방정식 $x^2-3x-2=0$의 해들의 모임

(4) 영문자 a,b,c,d,e의 모임

(5) 지구상에 살고 있는 사람들의 모임

(6) 국가들, 한국, 영국, 미국의 모임

(7) 유럽의 수도들의 모임

(8) 한국의 강씨들의 모임
(9) 제곱하면 2가되는 모든 유리수의 모임
(10) 모든 자연수의 모임
(11) 0 과 1사이의 모든 실수의 모임

<기호(notation)>

집합을 $A, B, X, Y, \cdots$ 와 같이 대문자로 표기하고, 원소들은 보통 $a, b, c, d, \cdots$ 와 같이 소문자로 나타낸다.

<원소 나열법(tabular form)>

만일 집합을 그 원소를 나열함으로써 정의한다면, 우리는 다음과 같이 괄호「{ }」속에 원소를 나열하여 콤마로 분리하여 적는다.

$$A = \{1, a, b, c, d, 3, 7, 10\}$$

이러한 방법을 집합의 **원소 나열법**(tabular form)이라 한다.

a 가 집합 A 의 원소이면 「$a \in A$ (또는 $A \ni a$)」로 나타내고

a는 A 의 원소이다(a is an element of A)

a는 A 에 속한다(a belongs to A)

라고 읽는다. 반면에 b 가 A 의 원소가 아니면 「$b \not\in A$(또는 $A \not\ni b$)」와 같이 나타낸다.

예제1.2 집합 A를 $\{a, e, i, o, u\}$라 하면 $a \in A$, $b \not\in A$, $e \in A$, $f \not\in A$ 이다.

[참고] 집합의 원소를 나열할 때 그 순서는 고려하지 않는다. 그러므로 $\{a, b, c\}$는 $\{b, c, a\}$ 또는 $\{c, b, a\}$와 같다. 그러나 집합의 원소는 서로 구분되어야 한다. 즉, 같은 원소를 반복해서 쓰지는 않는다. $\{a, b, a, b\}$는 부적절한 방법으로서 보통 $\{a, b\}$와 같이 나타낸다.

정의1.2 〈**유한집합**(finite set), **무한집합**(infinite set)〉

직관적으로 집합이 서로 다른 원소들을 특정한 수만큼 가진다면, 다시 말해서 서로 다른 원소들을 헤아려서 그 끝에 이를 수 있는 집합이라면, 이러한 유한개의 원소로써 구성된 집합을 **유한집합**(finite set)이라 하고, 유한집합이 아닌 집합을 **무한집합**(infinite set)이라고 한다. 다음에 우리는 유한과 무한집합을 명확하게 정의할 것이다.

또한 원소가 하나도 존재하지 않는 집합을 **공집합**(empty set 또는 null set)이라 하고 이것을 「$\varnothing$ 또는 $\{\ \}$」로 나타낸다.

정의1.3 〈**집합의 상등**(equality of sets)〉

두 집합 A, B에 대하여 A의 원소와 B의 원소가 같을 때 즉, A에 속한 모든 원소는 B에 속하고 B에 속한 모든 원소는 A에 속한다면 A와 B는 **같다**(equal) 또는 **동일하다**(identical)라 하고 이것을

$$A = B$$

와 같이 나타낸다. 한편 A와 B가 같지 않을 때 이것을 $A \neq B$ 와 같이 나타낸다.

예제1.3 $A = \{1,2,3,4\}$, $B = \{3,1,4,2\}$ 라 두면, $A = B$ 이다.

정의1.4 〈**부분집합**(subset)〉

임의의 두 집합 A, B에 대하여 A의 모든 원소가 B의 원소일 때 A는 B의 **부분집합**(subset), B는 A의 **포함집합** 또는 **확대집합**(superset)이라 하고 이것을 $A \subset B$ (또는 $B \supset A$)와 같이 나타내고

A는 B에 포함된다(A is contained in B)

라고 읽는다. 따라서 이 정의를 논리적으로 말하면 다음과 같다.

$$A \subset B \equiv [\forall x,\ x \in A \Rightarrow x \in B]$$

예제1.4 임의의 집합 A에 대하여 $A \subset A$가 성립한다. 즉 임의의 집합은 그 자신의 부분 집합이다.

예제1.5 집합 $C=\{1,3,5\}$ 는 집합 $D=\{1,2,3,4,5\}$ 의 부분집합이다. 이것은 집합 C에 속하는 1,3,5 가 집합 D에 속하기 때문이다.

정의1.5 두 집합 A,B에 대하여 $A \subset B$이고 $A \neq B$일 때 A를 B의 **진부분집합**(proper subset), B를 A의 **진포함집합**(proper superset)이라 하고 이것을 「$A \subsetneq B$」와 같이 나타낸다. 즉, A의 모든 원소는 B의 원소이지만 B의 원소 중에는 A의 원소가 아닌 것이 존재할 때 A는 B의 진부분집합이다. 이를 기호로 나타내면 다음과 같다.

$$A \subsetneq B \equiv A \subset B \text{ 이고 } A \neq B$$

$$[\forall x,\ x \in A \Rightarrow x \in B] \wedge [\exists x,\ x \in B \wedge x \notin A]$$

한편 A가 B의 부분집합이 아닐 때 이것을 $A \not\subset B$와 같이 나타낸다.

정리1.1 공집합 $\varnothing$은 임의의 집합 A의 부분집합이다. 즉

$$\varnothing \subset A.$$

(증명) 우리는 다음의 전칭명제가 참인 것을 밝히면 된다.

$$\forall x,\ x \in \varnothing \rightarrow x \in A$$

공집합 $\varnothing$에 속하는 원소가 존재하지 않으므로 임의의 변수 x에 대하여 「$x \in \varnothing$」는 거짓인 명제이다. 따라서 조건문

$$(x \in \varnothing) \rightarrow (x \in A)$$

는 가정이 거짓이므로 「→(조건부)」의 정의에 의하여 항상 참인 명제이다. 즉 $(x \in \varnothing) \Rightarrow (x \in A)$. 그러므로 임의의 집합$A$에 대하여 $\varnothing \subset A$. ◁

정리1.2 임의의 집합 A,B,C에 대하여

$$A \subset B,\ B \subset C \Rightarrow A \subset C$$

(증명) 우리는 $(x \in A) \Rightarrow (x \in C)$을 밝히면 된다. 가정에서 $A \subset B$이므로 정의에 의하여

$$(x \in A) \Rightarrow (x \in B).$$

또한 $B \subset C$ 이므로

$$(x \in B) \Rightarrow (x \in C).$$

그러므로 추이 법칙에 의하여

$$(x \in A) \Rightarrow (x \in C).$$

따라서 $A \subset C$. ◁

정의1.6 〈**비교가능성**(comparable)〉

두 집합 A 와 B 에 대하여 만일 $A \subset B$ 혹은 $B \subset A$, 즉 두 집합의 어느 하나가 다른 집합의 부분집합이 되어질 때 A 와 B 는 **비교가능**(comparable)이라고 한다. 만일 A 와 B 가 비교 가능하지 않다면 B 에 속하지 않는 A 의 원소가 존재하고, 또한 A 에 속하지 않는 B 의 원소가 존재할 때이다.

예제1.6 $A=\{a,b\}$, $B=\{a,b,c\}$ 이면 A 는 B 의 부분집합이므로 A 와 B 는 비교 가능 하다.

예제1.7 $R=\{a,b\}$, $S=\{b,c,d\}$ 는 비교가능이 아니다.

연습문제 2.1

1. 단어 「cataract」에 필요한 영문자의 집합과 단어 「tract」에 필요한 영문자의 집합은 같다. 이 사실을 보여라.

2. 다음 집합 중 어느 것이 어느 것의 부분집합인가를 정하여라.
   (1) $A=\{1, 2, 3, 4, \cdots\}$ (2) $B=\{2, 4, 6\}$
   (3) $C=\{2, 4, 6, 8,\cdots\}$ (4) $D=\{6\}$

3. 집합 $\{-1,0,1\}$의 부분집합을 모두 열거하여라.

4. $[(A \subset B)\wedge(B \subset A)] \Leftrightarrow (A=B)$ 임을 증명하여라(흔히 수학에 있어서 $A=B$ 인 것을 보이기 위한 가장 좋은 방법은 $A \subset B$ 이고 $B \subset A$ 인가를 알아보는 일이다).

5. $(A \subset \varnothing) \Rightarrow (A=\varnothing)$ 임을 보여라.

6. 다음이 성립함을 증명하여라.
   (1) $[(A \subset B)\wedge(B \subset C)] \Rightarrow (A \subset C)$
   (2) $[(A \subset B)\wedge(B \subset C)] \Rightarrow (A \subset C)$

7. 원소들이 그 자신 집합인 집합의 보기 하나를 들어라.

8. 다음 명제가 참인지 거짓인지를 정하여라. 그것이 참이면 증명을 하고 거짓이면 보기를 들어 반증을 하여라. [명제를 반증하는 보기를 **반례**(counterexample)라고 한다]
   (1) $x \in A$ 이고 $A \in B$ 이면 $x \in B$
   (2) $A \subset B$ 이고 $B \in C$ 이면 $A \in C$
   (3) $A \subset B$ 이고 $B \subset C$ 이면 $A \subset C$
   (4) $x \in A$ 이고 $A \subset B$ 이면 $x \in B$
   (5) $A \subset B$ 이고 $x \in B$ 이면 $x \in A$

9. 원소가 n 개의 주어진 집합에 대하여 r 개의 원소를 지닌 부분집합의 수는 꼭 $C(n,r)$ 임을 증명하여라.

§2.2 집합의 규정

주어진 집합으로부터 새로운 집합을 만들 수 있는 방법은 그 집합의 원소들 중 특별한 성질을 만족시키는 것들을 지정하는 일이다. 이를테면 이 대학교의 모든 학생들의 집합을 A 라고 할 때, 「x는 남학생이다」는 A 의 일부분을 이루는 원소 x 에 대해서는 참이지만 나머지 부분에 대해서는 거짓이다. 따라서 참인 원소들의 모임으로 새로운 집합을 구성할 수 있다. 즉, 원소들이 만족해야 할 성질을 제시함으로써 어떤 집합을 정의할 때 우리는 다음과 같은 표기법을 사용한다.

$$\{x \in A \mid x \text{ 는 남학생이다 }\}$$

마찬가지로 여학생들의 집합은

$$\{x \in A \mid x \text{는 여학생이다}\}$$

와 같이 규정 지을 수 있다.

[참고] 〈분출의 공리(axiom of specification)〉
일반적으로 임의의 집합 A 와 변수 x 에 관한 명제 $p(x)$ 에 대하여 A 의 원소로써 $p(x)$ 가 참이 되는 것만으로 이루어지는 집합 $\{x \in A \mid p(x)\}$ 이 존재한다. 이를 **분출의 공리**(axiom of specification)라 한다.

<조건제시법(set-builder form)>

기호 「$\{x \in A \mid p(x)\}$」를 「A의 원소로써 $p(x)$ 가 참인 모든 x 의 집합」이라고 읽는다. 이러한 방법의 표기를 집합의 **조건제시법**(set-builder form)이라고 한다.

[참고] 수의 집합을 나타내는 다음과 같은 몇몇 특별한 기호들은 앞으로 자주 나타날 것이므로 그것들을 다음과 같이 약속한다.

$\mathbb{R} = \{x \mid x \text{는 실수}\}$	$\mathbb{Q} = \{x \mid x \text{는 유리수}\}$
$\mathbb{Z} = \{x \mid x \text{는 정수}\}$	$\mathbb{N} = \{x \mid x \text{는 자연수}\}$
$\mathbb{R}^+ = \{x \mid x \text{는 양의 실수}\}$	$\mathrm{I} = \{x \in \mathbb{R} \mid 0 \leq x \leq 1\}$

정의2.1 〈**전체집합**(Universal set)〉

집합론에서 다루는 모든 집합은 고정된 어떤 집합의 부분집합이 되어진다. 우리는 고정된 이 집합을 **전체집합**(universal set)이라 하고 「U」로 적는다.

정의2.2 〈**멱집합**(power set)〉

집합 중에는 그 원소가 또한 집합인 것이 있다. 이를테면 주어진 집합 A 의 모든 부분집합을 원소로 하는 집합이 존재한다. 이러한 집합을 **멱집합**(power set)이라 부르고「$\wp(A)$ 혹은 2^A」와 같이 나타낸다.

[참고] 임의의 집합에 대하여 그 집합의 모든 부분집합을 원소로 하는 집합이 존재한다. 이를 「**멱집합의 공리**」라고 한다.

예제2.1 $A=\{a,\ b\}$ 이면 $\wp(A)=\{\varnothing,\{a\},\{b\},\{a,b\}\}$.

정리2.1 집합 A 의 원소가 n 개이면 그 멱집합 $\wp(A)$ 의 원소는 2^n 개이다.

증명1 (1)A 가 공집합인 경우는 분명히 성립한다.

(2) A 가 공집합이 아닌 경우 $A=\{a_1, a_2, \ldots, a_n\}$ 으로 놓는다. A 의 임의의 원소 a_k 에 대하여, A 의 각 부분집합에는 두 가지 경우가 있다. 즉, a_k 가 속하는 경우와 속하지 않는 경우가 그것이다. 그러므로 A 의 부분집합의 수를 구하는 문제는 n 개의 빈칸 □ □ □ … □ 의 각각에 0,1 중에서 무작정 하나씩을 택하여 채우는 일로 생각할 수 있다. 즉, 이러한 n 개의 빈칸을 채우는 각 경우에 대하여 A 의 부분집합 X 가 하나씩 결정되기 때문이다. 예컨데, $a_k \in X$ 이면 그리고 그때에만 k 번째의 빈칸 □에 1이 나타난다. 빈칸을 채울 수 있는 경우는 다른 2^n가지 있으므로 A 의 부분집합의 수는 2^n 이다.

다른 방법의 증명을 소개한다.

증명2 공집합 $\varnothing$ 는 임의의 집합의 부분집합이므로 $\varnothing$ 는 $\wp(A)$ 에 속한다. 다음에는 각 원소 $x \in A$ 에 대하여 $\wp(A)$에 속하는 A 의 부분집합 $\{x\}$가 존재한다. 이와 같이 A의 부분집합 중 원소가 하나인 **단원부분집합**(singleton subset)은 꼭 $C(n,1)$ 개 있다. 마찬가지로 2개인 것은 꼭 $C(n,2)$ 개 있다. 마침내 A 의 원소가 n 개인 것은 꼭 $C(n,n)$ 개 있다. 그러므로 공집합 $\varnothing$ 를 함께 생각하면 A 의 부분집합의 총 개수는 다음과 같다.

$$C(n,0)+C(n,1)+C(n,2)+\ldots+C(n,n)$$

따라서 $(1+1)^n$ 에 대한 **이항정리**에 의하여

$$(1+1)^n = C(n,0)+C(n,1)+C(n,2)+\ldots+C(n,n)$$

그러므로 $\wp(A)$의 수는 $(1+1)^n$ 곧 2^n 이다. ◁

[참고] 멱집합이란 이름은 위의 정리로부터 유래된 것이다.

연습문제 2.2

1. 다음 집합을 원소나열법으로 나타내어라.

 (1) $A = \{x \in \mathbb{N} \mid x < 5\}$

 (2) $B = \{x \in \mathbb{Z} \mid x^2 \leq 25\}$

 (3) $C = \{x \in \mathbb{Q} \mid x^2 + 3x - 1 = 0\}$

 (4) $D = \{x \in \mathbb{R} \mid x^3 + 1 = 0\}$

 (5) $E = \{x \in \mathbb{R}^+ \mid 4x^2 - 4x - 1 = 0\}$

2. 다음 집합을 조건제시법으로 나타내어라.

 (1) $A = \{1, 2, 3\}$

 (2) $B = \left\{-1, -\dfrac{2}{3}, -\dfrac{1}{3}, 0\right\}$

 (3) $C = \{1, 3, 5, 7, 9, \dots\}$

 (4) $D = \{1 - \sqrt{3}, 1 + \sqrt{3}\}$

3. 집합 $\{x, y, z\}$ 의 멱집합을 원소나열법으로 나타내어라. 그 멱집합의 원소의 수는 얼마인가?

4. 집합 X 의 부분집합 B 에 대하여

$$\wp(X : B) = \{A \in P(X) \mid B \subset A\}$$

 라고 놓는다.

 (1) $X = \{a, b, c, d, e\}$, $B = \{a, b\}$ 일 때 집합 $\wp(X : B)$ 를 원소나열법으로 나타내어라. 그 원소의 수는 얼마인가?

 (2) $\wp(X : \varnothing) = \wp(X)$ 임을 보여라.

5. n 개의 원소를 지닌 집합 X 의 부분집합 B 의 원소는 m 개$(n \geq m)$이다.

 (1) 집합 $\wp(X : B)$ 의 원소의 수를 구하여라.

 (2) (1)에서 $B = \varnothing$ 이라 놓고 〈정리2.1〉을 유도하여라.

6. $M = \{r, s, t\}$ 일 때, 다음 네 명제가 옳은지 아닌지 진술하고, 옳지 않을 경우 그 이유를 설명하라.

   (1) $r \in M$　　(2) $r \subset M$

   (3) $\{r\} \in M$　　(4) $\{r\} \subset M$

7. S가 공집합이 아닌 임의의 집합일 때, 다음 네 명제가 옳은지 아닌지 진술하고, 옳지 않을 경우 그 이유를 설명하라.

   (1) $S \in \wp(S)$　　(2) $S \subset \wp(S)$

   (3) $\{S\} \in \wp(S)$　　(4) $\{S\} \subset \wp(S)$

§2.3 합집합과 교집합

정의3.1 〈**합집합**(union)〉

임의의 두 집합 A, B에 대하여 A 또는 B에 속하는 모든 원소로 이루어진 집합을 A와 B의 **합집합**(union)이라 하고 이것을 $A \cup B$ 와 같이 나타낸다. 즉

$$A \cup B = \{x \mid x \in A \vee x \in B\}$$

따라서

$$x \in A \cup B \Leftrightarrow [x \in A \text{ or } x \in B]$$

정의3.2 〈**교집합**(intersection)〉

임의의 두 집합 A, B에 대하여 A에도 속하고 B에도 속하는 모든 원소로 이루어진 집합을 A와 B의 **교집합**(intersection)이라 하고 이것을 $A \cap B$와 같이 나타낸다. 즉

$$A \cap B = \{x \mid x \in A \wedge x \in B\}$$

따라서

$$x \in A \cap B \Leftrightarrow [x \in A \text{ and } x \in B]$$

특히 $A \cap B = \varnothing$ 일 때, A와 B는 **서로 소**(disjoint)라고 한다.

예제3.1 두 집합 $A = \{1,2,3,4\}$, $B = \{3,4,5\}$ 에 대하여

(1) $A \cup B = \{1,2,3,4,5\}$

(2) $A \cap B = \{3,4\}$

예제3.2 다음이 성립한다.

(1) $\mathrm{I} \cap \mathrm{N} = \{1\}$ $\qquad$ $\mathrm{I} \cap \mathrm{Z} = \{0,1\}$

(2) $\mathbb{Z} \cup \mathbb{Q} = \mathbb{Q}$ $\qquad$ $\mathbb{Z} \cap \mathbb{Q} = \mathbb{Z}$

(3) $\mathrm{N} \cup \mathrm{N} = \mathrm{N}$ $\qquad$ $\mathrm{N} \cap \mathrm{N} = \mathrm{N}$

정리3.1 집합 X의 부분집합 A, B, C에 대하여 다음이 성립한다.

(1) **항등법칙**(unities)

$A \cup \varnothing = A \qquad A \cap X = A$

(2) **멱등법칙**(idempotency law)

$A \cup A = A \qquad A \cap A = A$

(3) **교환법칙**(commutative law)

$A \cup B = B \cup A \qquad A \cap B = B \cap A$

(4) **결합법칙**(associative law)

$A \cup (B \cup C) = (A \cup B) \cup C$

$A \cap (B \cap C) = (A \cap B) \cap C$

(5) **분배법칙**(distributive law)

$A \cap (B \cup C) = (A \cap B) \cup (A \cap C)$

$A \cup (B \cap C) = (A \cup B) \cap (A \cup C)$

(증명) 여기서는 결합 법칙, 분배법칙의 증명만 하기로 한다.

〈(4)의 증명〉

합집합 「∪」의 정의를 거듭 적용하면,

$x \in A \cup (B \cup C) \Leftrightarrow x \in A \vee (x \in B \cup C)$

$\Leftrightarrow x \in A \vee (x \in B \vee x \in C)$

논리합에 대한 결합법칙에 의하여

$\Leftrightarrow (x \in A \vee x \in B) \vee x \in C$

∪ 의 정의를 거듭 적용하면,

$\Leftrightarrow (x \in A \cup B) \vee x \in C$

$\Leftrightarrow x \in (A \cup B) \cup C$

그러므로 $x \in A \cup (B \cup C) \Leftrightarrow x \in (A \cup B) \cup C$

따라서 정의에 의하여 $A \cup (B \cup C) = (A \cup B) \cup C$. ◁

위의 증명을 중요한 논리적 단계에 대한 정연한 표현으로 요약할 수 있다. 이 경우 각 단계의 정당성은 다음과 같이 오른쪽에 적어 쉽게 알아볼 수 있도록 한다.

$x \in A \cup (B \cup C)$

$\Leftrightarrow x \in A \vee (x \in B \cup C)$ 〈∪ 의 정의〉

$\Leftrightarrow x \in A \vee (x \in B \vee x \in C)$ 〈∪ 의 정의〉

$\Leftrightarrow (x \in A \vee x \in B) \vee x \in C$ 〈∨에 대한 결합법칙〉

$\Leftrightarrow x \in (A \cup B) \vee x \in C$ 〈∪ 의 정의〉

$\Leftrightarrow x \in (A \cup B) \cup C$ 〈∪ 의 정의〉

마찬가지로,

$x \in A \cap (B \cap C)$

$\Leftrightarrow x \in A \wedge (x \in B \cap C)$ 〈∩ 의 정의〉

$\Leftrightarrow x \in A \wedge (x \in B \wedge x \in C)$ 〈∩ 의 정의〉

$\Leftrightarrow (x \in A \wedge x \in B) \wedge x \in C$ 〈∧에 대한 결합법칙〉

$\Leftrightarrow x \in (A \cap B) \wedge x \in C$ 〈∩ 의 정의〉

$\Leftrightarrow x \in (A \cap B) \cap C$ 〈∩ 의 정의〉

그러므로 $x \in [A \cap (B \cap C)] \Leftrightarrow x \in [(A \cap B) \cap C]$

따라서 정의에 의하여 $A \cap (B \cap C) = (A \cap B) \cap C$

〈(5)의 증명〉

$x \in A \cap (B \cup C)$

$\Leftrightarrow x \in A \wedge (x \in B \cup C)$ 〈∩ 의 정의〉

$\Leftrightarrow x \in A \wedge (x \in B \vee x \in C)$ 〈∪ 의 정의〉

$\Leftrightarrow (x \in A \wedge x \in B) \vee (x \in A \wedge x \in C)$ 〈분배법칙〉

$\Leftrightarrow x \in A \cap B \vee x \in A \cap C$ 〈∩ 의 정의〉

$\Leftrightarrow x \in (A \cap B) \cup (A \cap C)$ 〈∪ 의 정의〉

그러므로$x \in [A \cap (B \cup C)] \Leftrightarrow x \in [(A \cap B) \cup (A \cap C)]$

따라서 정의에 의하여 $A \cap (B \cup C) = (A \cap B) \cup (A \cap C)$. ◁

정리3.2 두 집합 A, B에 대하여 다음이 성립한다.

(1) $A \subset A \cup B, \quad B \subset A \cup B$

(2) $A \cap B \subset A, \quad A \cap B \subset B$

(증명) (1) $x \in A \Rightarrow x \in A \lor x \in B$ 〈Add.〉

$\Rightarrow x \in A \cup B$ 〈정의〉

(2) $x \in A \cap B \Rightarrow x \in A \land x \in B$ 〈정의〉

$\Rightarrow x \in A$ 〈Simp.〉 ◁

정리3.3 두 집합 A, B 에 대하여 다음이 성립한다.

(1) $A \subset B \Leftrightarrow A \cup B = B$

(2) $A \subset B \Leftrightarrow A \cap B = A$

(증명) 여기서 (1)의 증명만 한다. $A \subset B$라 하자.

〈$A \cup B \subset B$의 증명〉

$x \in A \cup B \Rightarrow x \in A \lor x \in B$ 〈정의〉

$\Rightarrow x \in B \lor x \in B$ 〈$A \subset B$〉

$\Rightarrow x \in B$ 〈Idemp.〉

그러므로 $A \cup B \subset B$.

〈$A \cup B \supset B$의 증명〉

$x \in B \Rightarrow x \in B \lor x \in A$ 〈Add.〉

$\Rightarrow x \in A \cup B$ 〈정의〉

그러므로 $B \subset A \cup B$. 따라서 $A \cup B = B$.

반대로, $A \cup B = B$라 하자.

$x \in A \Rightarrow x \in B \lor x \in A$ 〈Add.〉

$\Rightarrow x \in A \cup B$ 〈정의〉

$\Rightarrow x \in B$ 〈$A \cup B = B$〉 ◁

정리3.4 임의의 집합 C 에 대하여 다음이 성립한다.

$A \subset B \Rightarrow$ (1) $A \cup C \subset B \cup C$

(2) $A \cap C \subset B \cap C$

(증명)

$$
\begin{aligned}
x \in A \cup C \ &\Rightarrow x \in A \ \vee \ x \in C && \langle 정의 \rangle \\
&\Rightarrow x \in B \ \vee \ x \in C && \langle A \subset B \rangle \\
&\Rightarrow x \in B \cup C && \langle 정의 \rangle
\end{aligned}
$$

정리3.5 임의의 집합 A, B, C, D 에 대하여 다음이 성립한다.

$A \subset C$ 이고 $B \subset D \Rightarrow$ (1) $A \cup B \subset C \cup D$

(2) $A \cap B \subset C \cap D$

(증명)

$$
\begin{aligned}
x \in A \cup B \ &\Rightarrow x \in A \ \vee \ x \in B && \langle 정의 \rangle \\
&\Rightarrow x \in C \ \vee \ x \in D && \langle 가정 \rangle \\
&\Rightarrow x \in C \cup D && \langle 정의 \rangle \ \triangleleft
\end{aligned}
$$

연습문제 2.3

1. 〈정리3.1〉의 (1), (2), (3)을 증명하여라.

2. 〈정리3.1〉의 (5)의 두 번째 것을 증명하여라.

3. 다음을 증명하여라.
   (1) $(A \subset C) \wedge (B \subset C) \Rightarrow (A \cup B) \subset C$
   (2) $(A \subset B) \wedge (A \subset C) \Rightarrow A \subset (B \cap C)$
   (3) $(A \cap B) \cup C = A \cap (B \cup C) \Leftrightarrow C \subset A$
   (4) $A \subset B \Rightarrow \wp(A) \subset \wp(B)$
   (5) $A \cup B = A \cap B \Leftrightarrow A = B$

4. 〈정리3.4〉의 (2)를 증명하여라.

§2.4 여집합과 차집합

정의4.1 〈**차집합**(difference)〉

임의의 두 집합 A,B 에 대하여 A 에는 속하나 B 에 속하지 않는 모든 원소로 이루어진 집합을 A 와 B 의 **차집합**(difference)이라 한다. 이것을 「$A-B$」와 같이 나타낸다. 즉

$$A-B=\{x \mid x \in A \wedge x \notin B\}$$

따라서

$$x \in A-B \Leftrightarrow [x \in A \text{ and } x \notin B]$$

예제4.1 두 집합을 $S=\{a,b,c,d\}$, $T=\{b,f,d,g\}$라 두면
$S-T=\{a,c\}$이다.

예제4.2 집합 $\mathbb{R}-\mathbb{Q}$는 무리수들의 집합이다.

정의4.2 〈**여집합**(complement)〉

임의의 집합 A 대하여 A 에 속하지 않는 모든 원소로 이루어진 집합을 A 의 **여집합**(complement)이라 하고, 이것을 「A^c(또는A')」와 같이 나타낸다.

즉 A 의 여집합은 전체집합 U와 A의 차집합과 같다.

$$A^c=\{x \mid x \notin A\}$$

따라서

$$x \in A^c \Leftrightarrow x \notin A$$

예제4.3 임의의 집합 A,B에 대하여
$A-B=A \cap B^c$.

(증명)

$$\begin{aligned} x \in A-B &\Leftrightarrow x \in A \wedge x \notin B && \langle \text{차집합의 정의} \rangle \\ &\Leftrightarrow x \in A \wedge x \in B^c && \langle \text{여집합의 정의} \rangle \end{aligned}$$

$\Leftrightarrow x \in A \cap B^c$ 〈교집합의 정의〉

그러므로 $x \in A - B \Leftrightarrow x \in A \cap B^c$

따라서 정의에 의하여 $A - B = A \cap B^c$

정리4.1 임의의 집합 A, B 에 대하여 다음이 성립한다.

(1) $(A^c)^c = A$

(2) $\varnothing^c = U,\ \ U^c = \varnothing$

(3) $A \cap A^c = \varnothing,\ \ A \cup A^c = U$

(4) $A \subset B \Leftrightarrow B^c \subset A^c$

(증명) (1), (2), (3)의 증명은 연습문제로 두고 여기서는 (4)만을 증명한다.

$A \subset B \Leftrightarrow (x \in A) \Rightarrow (x \in B)$ 〈⊂의 정의〉

$\Leftrightarrow (x \notin B) \Rightarrow (x \notin A)$ 〈대우법칙〉

$\Leftrightarrow (x \in B^c) \Rightarrow (x \in A^c)$ 〈여집합의 정의〉

$\Leftrightarrow B^c \subseteq A^c$ 〈⊂의 정의〉

그러므로 $A \subset B \Leftrightarrow B^c \subset A^c$. ◁

여집합의 성질 중 가장 중요한 것으로서 다음과 같은 드 모르간의 정리가 있다.

정리4.2 **〈드 모르간의 정리〉**

임의의 두 집합 A, B 에 대하여 다음이 성립한다.

(1) $(A \cup B)^c = A^c \cap B^c$

(2) $(A \cap B)^c = A^c \cup B^c$

(증명) (1)의 증명

$x \in (A \cup B)^c \Leftrightarrow \sim[x \in (A \cup B)]$ 〈여집합의 정의〉

$\Leftrightarrow \sim[(x \in A) \vee (x \in B)]$ 〈∪의 정의〉

$\Leftrightarrow \sim(x \in A) \wedge \sim(x \in B)$ 〈드 모르간의 법칙〉

$\Leftrightarrow (x \in A^c) \wedge (x \in B^c)$ 〈여집합의 정의〉

$\Leftrightarrow x \in (A^c \cap B^c)$ 〈∩의 정의〉

그러므로 $x \in (A \cup B)^c \Leftrightarrow x \in (A^c \cap B^c)$

따라서 $(A \cap B)^c = A^c \cup B^c$

(2)의 증명은 생략한다. ◁

예제4.4 임의의 세 집합 A, B, C에 대하여

$$A \cap (B - C) = (A \cap B) - (A \cap C)$$

풀이

$$
\begin{aligned}
& (A \cap B) - (A \cap C) \\
&= (A \cap B) \cap (A \cap C)^c && \langle\text{예제4.3}\rangle \\
&= (A \cap B) \cap (A^c \cup C^c) && \langle\text{정리4.2}\rangle \\
&= (A \cap B \cap A^c) \cup (A \cap B \cap C^c) && \langle\text{분배법칙}\rangle \\
&= (A \cap A^c \cap B) \cup (A \cap B \cap C^c) && \langle\text{교환법칙}\rangle \\
&= (\varnothing \cap B) \cup (A \cap B \cap C^c) && \langle\text{정리4.1}\rangle \\
&= \varnothing \cup (A \cap B \cap C^c) && \langle \varnothing \cap B = \varnothing \rangle \\
&= A \cap (B \cap C^c) && \langle\text{항등법칙}\rangle \\
&= A \cap (B - C) && \langle\text{예제4.3}\rangle
\end{aligned}
$$

그러므로 $(A \cap B) - (A \cap C) = A \cap (B - C)$ ◁

정리4.3 임의의 세 집합 A, B, C에 대하여 다음이 성립함을 증명하라.

(1) $(A - C) \cup (B - C) = (A \cup B) - C$

(2) $(A - C) \cap (B - C) = (A \cap B) - C$

증명 증명은 연습문제로 둔다.

정리4.4 임의의 두 집합 A, B 에 대하여 다음을 각각 증명하여라.

(1) $A \cap (B - A) = \varnothing$

(2) $A \cup B = A \cup (B - A)$

증명 증명은 연습문제로 둔다.

연습문제 2.4

1. 임의의 집합 A, B 에 대하여 $A-B=A-(B\cap A)$ 임을 증명하여라.

2. 〈정리4.1〉의 (1), (2), (3)를 차례로 증명하여라.

3. 임의의 집합 A, B 에 대하여

   $A\cap B=\varnothing \Leftrightarrow B\subset A^c$

4. 임의의 집합 A, B 에 대하여

   $B\subset A \Leftrightarrow (A-B)\cup B=A$

5. 〈정리4.2〉 (2)를 증명하여라.

6. 〈정리4.3〉을 증명하여라.

7. 〈정리4.4〉를 증명하여라.

8. 임의의 세 집합 A, B, C 에 대하여 다음을 증명하여라.

   (1) $(A\cap B\cap C)^c=A^c\cup B^c\cup C^c$

   (2) $(A\cup B\cup C)^c=A^c\cap B^c\cap C^c$

   이를 n개의 집합 $A_1, A_2, A_3, \ldots, A_n$ 으로 일반화하여라.

9. 임의의 집합 A, B 에 대하여 다음을 증명하거나 아니면 반증 하여라.

   (1) $\wp(A)\cap\wp(B)=\wp(A\cap B)$

   (2) $\wp(A)\cup\wp(B)=\wp(A\cup B)$

10. 세 집합 A, B, C에 대하여

    $[A\subset C,\ B\subset C,\ A\cup B=C,\ A\cap B=\varnothing] \Rightarrow A=C-B$

11. 임의의 두 집합 A, B 에 대하여

    $(A-B)\cup(B-A)=(A\cup B)-(A\cap B)$

§2.5 벤 다이어그램

<벤 다이어그램(Venn diagram)>

집합의 연산과 그 결과를 시각화할 수 있도록 **벤 다이어그램**(Venn diagram)으로 불리는 그림을 소개한다.

보통 전체집합 U는 직사각형으로, 그 부분집합은 직사각형 내부의 원으로서 나타낸다. 이를테면 다음 〈그림 1〉에서 두 원은 두 집합 A, B를 그 중 겹친 부분은 교집합 $A \cap B$를, 또 두 원 전체는 합집합 $A \cup B$를 나타낸다.

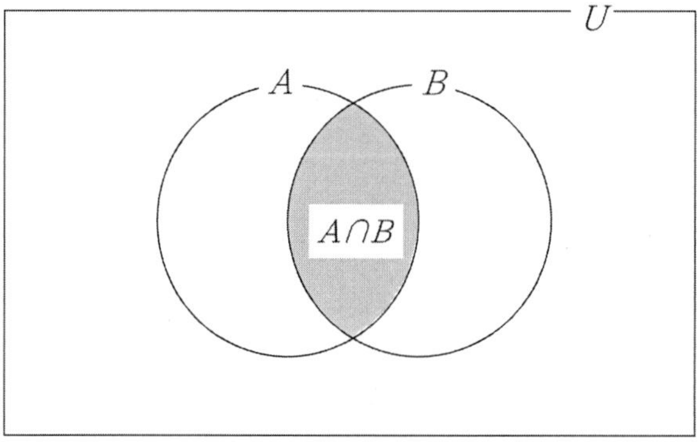

〈그림 1〉

아래 〈그림 2〉는 서로 소인 두 집합 A, B를, 〈그림 3〉의 빗금부분은 집합 A의 여집합 A^c를 나타낸다.

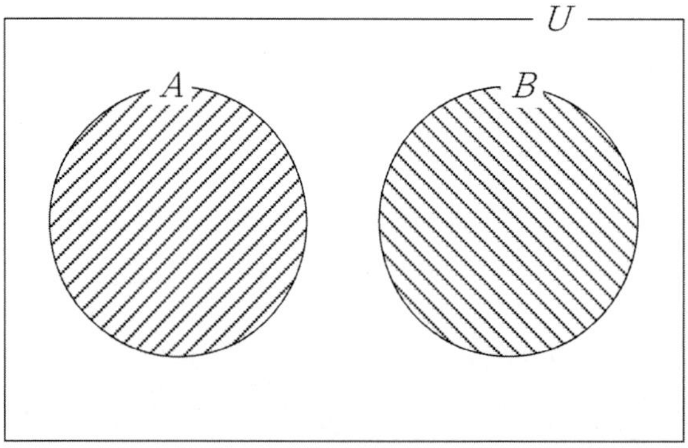

〈그림 2〉

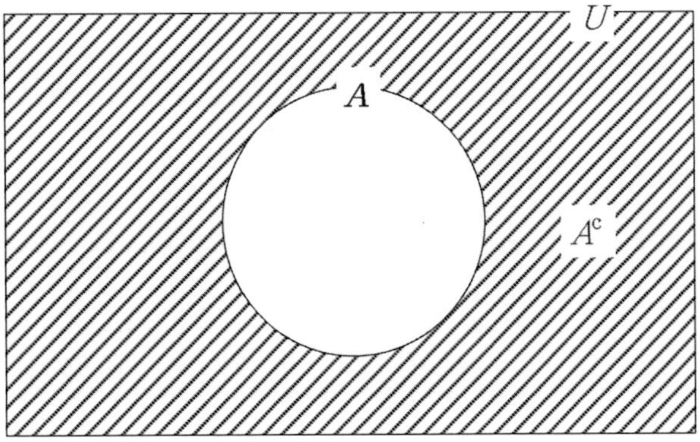

〈그림 3〉

한편 다음 〈그림 4〉의 빗금부분은 A 에 대한 B 의 차집합 $A-B$ 를 나타낸다.

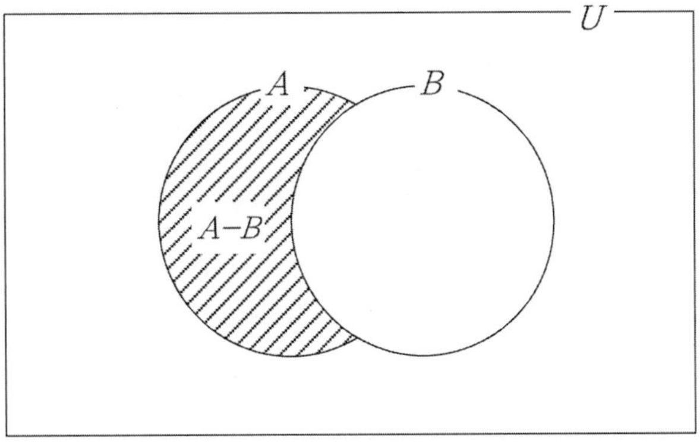

〈그림 4〉

〈그림 5〉는 세 집합 A, B, C 에 대한 전형적인 벤 다이어그램으로서 이 세 집합은 〈그림 6〉에서와 같이 전체집합 U 를 여덟 부분으로 분할한다.

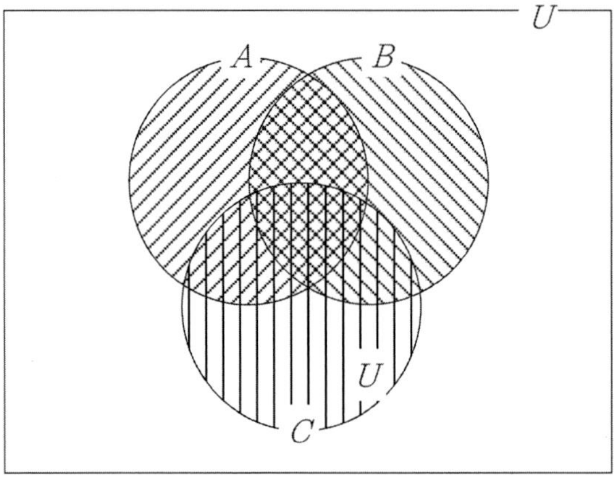

〈그림 5〉

지금까지의 벤 다이어그램을 이용하여, 이를테면, 분배법칙

$$A \cap (B \cup C) = (A \cap B) \cup (A \cap C)$$

의 타당성에 대한 논증을 다음과 같이 간단히 발견할 수 있다.

〈그림 6〉에 있어서 $A \cap (B \cup C)$ 는 원소 2, 3, 7 로 구성되어 있는 반면에 $(A \cap B) \cup (A \cap C)$는 영역 2와 7, 영역 3과 7의 합집합으로 구성되어 있으므로 앞의 등식이 성립함직하다.

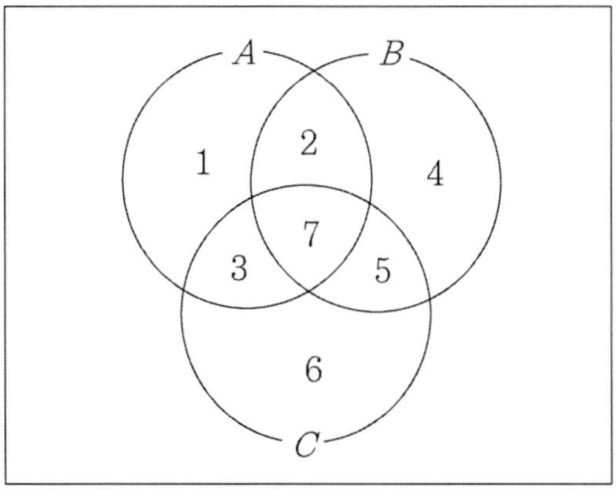

〈그림 6〉

[참고] 이 같은 발견적(직관적) 논증은 수학에서의 증명으로서는 받아들일 수 없다는 사실을 유의하여야 한다.

<선 도식(line diagram)>

집합들 사이의 관계를 나타내는 다른 유용한 방법은 **선 도식**(line diagram)의 사용이다. 만일 $B \subset A$이면 A를 B 위에 쓰고 선으로서 그들을 연결한다.

만일 $A \subset B$이고 $B \subset C$이면 그들의 선 도식은 다음과 같다.

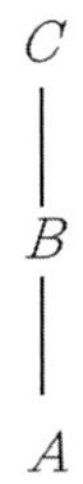

예제5.1 $A = \{a\}$, $B = \{b\}$, $C = \{a,b\}$이면 그들의 선 도식은 다음과 같다.

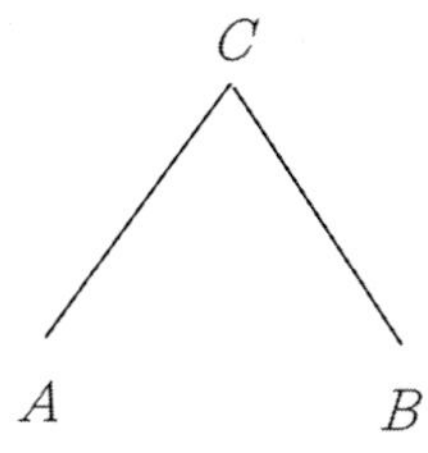

예제5.2 $X = \{x\}$, $Y = \{x,y\}$, $Z = \{x,y,z\}$, $W = \{x,y,w\}$이면 그들의 선 도식은 다음과 같다.

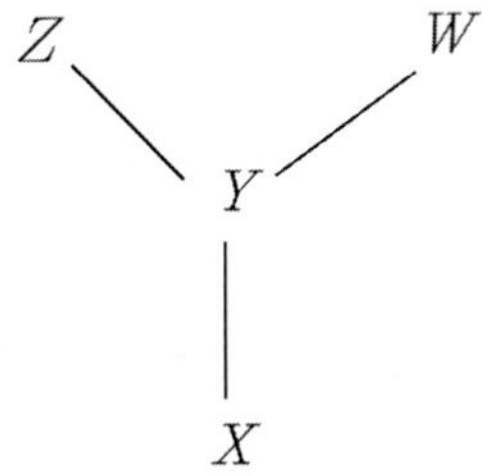

연습문제 2.5

1. $A \subset B$ 에 대한 벤 다이어그램과 선 도식을 그려라.

2. $A \cap B^c$, $A^c \cap B$, $A^c \cap B^c$ 에 대한 벤 다이어그램을 그려라.

3. $A \cup B^c$, $A^c \cup B$, $A^c \cup B^c$ 에 대한 벤 다이어그램을 그려라.

◎ 문제 4-10 에 대한 벤 다이어그램을 그려 다음의 각 명제가 참일 듯 싶은가 알아보기 위한 논증을 찾아라.

4. $A \cap (B \cap C) = (A \cap B) \cap C$

5. $A \cup (B \cup C) = (A \cup B) \cup C$

6. $A \cup (B \cap C) = (A \cup B) \cap (A \cup C)$

7. $(A \cup B)^c = A^c \cap B^c$

8. $(A \cap B)^c = A^c \cup B^c$

9. $A \cap (B - A) = \varnothing$, $A \cup (B - A) = A \cup B$

10. $(A \cup B) - (A \cap B) = (A - B) \cup (B - A)$

11. 다음 벤다이어그램을 선 도식으로 그려 보라.

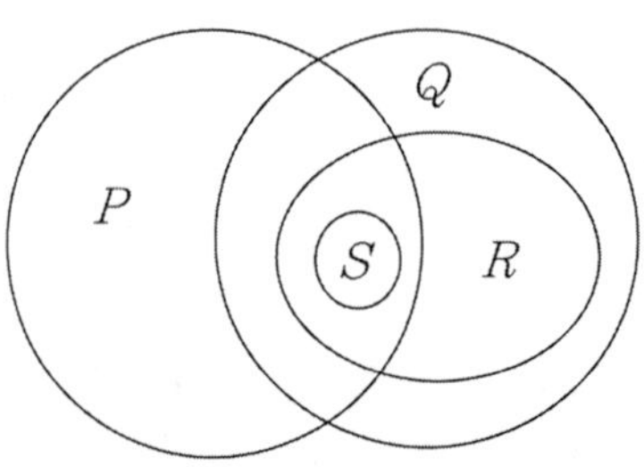

§2.6 집합의 첨수족

정의6.1 〈**족**(family)〉

집합은 서로 다른 원소들의 모임인 것에 비하여 대체로 반드시 구별되지 않더라도 무방한 대상, 이른바 구성원(member)의 모임을 **족**(family)이라고 한다. 이를테면 $\{a, a, a\}$ 는 세 구성원 a,a,a 로 구성된 하나의 족이다. 그러나 이 족을 집합으로 생각한다면 바로 원소 a 하나만의 **단원집합**(singleton set) $\{a\}$ 이다.

정의6.2 〈**첨수족**(indexed family)〉

집합 Γ 에 대하여 각 원소 $\gamma \in \Gamma$ 에 집합 A_γ 가 하나씩 대응할 때 모든 A_γ 의 집합을 Γ 에 의하여 첨수가 매겨진 [Γ 를 **첨수집합**(index set)] 집합들의 **첨수족**(indexed family)이라 하고 이것을

$$\{A_\gamma | \gamma \in \Gamma\}$$

와 같이 나타낸다.

이를테면 집합 $\{1,2\}$, $\{2,4\}$, $\{3,6\}, \cdots, \{n,2n\}$ 들의 족은 자연수의 집합 N 에 의하여 첨수가 매겨진 집합의 첨수족으로 여길 수 있다. 여기서 각 $n \in \mathrm{N}$ 에 대하여 $A_n = \{n,2n\}$ 인 집합의 족을 $\{\{n,2n\} | \ n \in \mathrm{N}\}$ 혹은 $\{A_n | \ n \in \mathrm{N}\}$으로 나타낼 수 있다.

임의의 집합족에 첨수를 매길 수는 없을는지 모르지만 거의 모든 경우 주어진 집합의 족에 첨수를 매기는데 쓰일 집합 Γ 를 쉽게 찾을 수 있다.

예제6.1 집합들 $\varnothing$, N, $\mathbb{Z}$, $\mathbb{Q}$, $\mathbb{R}$, $\mathbb{R}$ 의 족 $\mathcal{F}$ 에 첨수를 매겨라.

풀이 주어진 집합족에는 꼭 6개의 구성원(그 중 두 개는 같지만)이 있으므로 집합 $\Gamma = \{1, 2, 3, 4, 5, 6\}$ 을 택하여

$$A_1 = \varnothing, \ A_2 = \mathrm{N}, \ A_3 = \mathbb{Z},$$

$$A_4 = \mathbb{Q}, \ A_5 = \mathbb{R}, \ A_6 = \mathbb{R}$$

과 같이 놓음으로써 $\mathcal{F}$ 에 첨수를 매길 수 있다.

실제로 집합을 나타내는 기호와 표시법은 집합족에도 활용된다. 이를테면 $\varnothing \in \mathscr{I}$, $\mathbb{R}^+ \not\in \mathscr{I}$ 는 「$\varnothing$는 $\mathscr{I}$ 의 구성원이다」, 「$\mathbb{R}^+$는 $\mathscr{I}$ 의 구성원이 아니다」를 각각 나타낸다. 또한 $\mathscr{I} = \{\varnothing, \mathbb{N}, \mathbb{Z}, \mathbb{Q}, \mathbb{R}, \mathbb{R}\}$ 와 같이 적기도 한다.

<집합족의 합집합과 교집합>

이제 합집합 $\cup$ 과 교집합 $\cap$ 의 개념을 다음과 같이 임의의 집합족으로 확장하도록 한다.

정의6.3 **〈집합족의 합집합(union)〉**

임의의 집합족 $\mathscr{I}$ 에 대하여 적당한 $A \in \mathscr{I}$ 에 속하는 원소 전부로 이루어진 집합을 $\mathscr{I}$ 에 속하는 집합의 **합집합**(union)이라 하고 이것을

$$\bigcup_{A \in \mathscr{I}} A \quad (\text{또는} \cup \mathscr{I})$$

와 같이 나타낸다. 즉 기호로는 다음과 같다.

$$\bigcup_{A \in \mathscr{I}} A = \{x \in U \mid \text{적당한 } A \in \mathscr{I} \text{ 에 대하여 } x \in A\}$$

〈정의 6.1〉에서의 족 $\mathscr{I}$ 가 Γ 에 의하여 첨수가 매겨진 첨수족인 경우 $\bigcup_{A \in \mathscr{I}} A$ 를 다음과 같은 표현으로 바꿔 쓸 수 있다.

$$\bigcup_{\gamma \in \Gamma} A_\gamma = \{x \in U \mid \text{적당한 } \gamma \in \Gamma \text{ 에 대하여 } x \in A_\gamma\}$$

특히 Γ 가 유한집합인 경우 즉, 적당한 자연수 n 에 대하여 $\Gamma = \{1, 2, 3, \cdots, n\}$ 일 때에는 $\bigcup_{\gamma \in \Gamma} A_\gamma$ 대신 더욱 직관적인 표현으로서 흔히

$$\bigcup_{i=1}^{n} A_i \quad \text{또는 } A_1 \cup A_2 \cup \cdots \cup A_n$$

과 같이 나타낸다.

예제6.2 다음 집합으로 이루어진 족의 합집합을 구하여라.

$$\{\{1\}, \{2,3\}, \{3,4,5\}, \ldots, \{n, n+1, \ldots, 2n-1\}\}$$

풀이 주어진 집합족은 $\Gamma = \{1, 2, 3, \ldots, n\}$ 에 의하여 첨수가 매겨진 첨수족으로 볼 수

있으므로 각 $i \in \Gamma$ 에 대하여

$$A_i = \{i, i+1, \cdots, 2i-1\}$$

과 같이 놓아 $\bigcup_{i=1}^{n}\{i, i+1, \ldots, 2i-1\}$ 를 구하면 된다. 여기서 i 가 두 정수 1 과 $2n-1$ 사이의 정수이면, 그리고 그 때에만 i 는 주어진 족의 적당한 구성원 A_i 에 속한다. 그러므로 다음을 얻는다.

$$\bigcup_{i=1}^{n}\{i, i+1, \ldots, 2i-1\} = \{1, 2, 3, \ldots, 2n-1\}$$

정의6.4 **〈집합족의 교집합**(intersection)**〉**

임의의 집합족 $\mathscr{I}$ 에 대하여 모든 $A \in \mathscr{I}$ 에 속하는 원소 전체로 이루어진 집합을 $\mathscr{I}$ 에 속하는 집합의 **교집합**이라 하고 이것을

$$\bigcap_{A \in \mathscr{I}} A \text{ 또는 } \cap \mathscr{I}$$

와 같이 나타낸다. 즉

$$\bigcap_{A \in \mathscr{I}} A = \{x \in U \mid \text{모든 } A \in \mathscr{I} \text{에 대하여 } x \in A\}$$

한편, 명제 「모든 $A \in \mathscr{I}$ 에 대하여 $x \in A$」 를

$$A \in \mathscr{I} \Rightarrow x \in A$$

로 바꿔 쓰면 뒤의 정리에서 볼 수 있듯이 증명할 때 표현상의 장점이 있다.

〈정의 6.2〉에서의 $\mathscr{I}$ 가 Γ 에 의하여 첨수가 매겨진 첨수족인 경우 다음과 같은 표현으로 바꿔 쓸 수 있다.

$$\bigcap_{\gamma \in \Gamma} A_\gamma = \{x \in U \mid \text{모든 } \gamma \in \Gamma \text{ 에 대하여 } x \in A_\gamma\}$$

특히 첨수집합 Γ 가 유한집합인 경우, 즉 적당한 양의 정수 n 에 대하여 $\Gamma = \{1, 2, 3, \ldots, n\}$ 일 때는 흔히 합집합의 경우와 같이 $\bigcap_{\gamma \in \Gamma} A_\gamma$ 대신

$$\bigcap_{i=1}^{n} A_i \text{ 또는 } A_1 \cap A_2 \cap \cdots \cap A_n$$

과 같이 나타낸다.

정의6.5 〈**개구간**(open interval)과 **폐구간**(closed interval)〉

개구간(open interval)이란 임의의 두 실수 a,b 에 대하여 $\mathbb{R}$ 의 부분집합 $\{x \in \mathbb{R} \mid a < x < b\}$ 를 말하고 이것을 (a,b) 와 같이 나타낸다. 여기서 $a \geq b$ 인 경우 $(a,b) = \varnothing$ 으로 정한다. 즉

$$(a,b) = \{x \in \mathbb{R} \mid a < x < b\}$$

폐구간(closed interval)이란 임의의 두 실수 a,b 에 대하여 $\mathbb{R}$ 의 부분집합 $\{x \in \mathbb{R} \mid a \leq x \leq b\}$ 를 말하고 이것을 $[a,b]$ 와 같이 나타낸다. 여기서 $a > b$ 이면 $[a,b] = \varnothing$ 으로 정한다. 즉

$$[a,b] = \{x \in \mathbb{R} \mid a \leq x \leq b\}$$

예제6.3 다음 개구간 족의 교집합을 구하여라.

$$(0,1),\ (0,1/2),\ (0,1/3), \ldots$$

풀이 교집합 $\bigcap_{n \in \mathrm{N}} (0, 1/n)$ 을 구하면 된다. 그런데 주어진 개구간의 열을 직관적으로 생각하면 감소구간 $(0,1/n)$ 의 열로서 n 이 커짐에 따라 구간 $(0,1/n)$ 은 공집합 $\varnothing$ 에 접근한다. 그러므로 구하는 교집합은 $\varnothing$ 일 것으로 추측된다. 여기서는 이 추측을 다음과 같이 배리법으로 증명한다.

$\bigcap_{n \in \mathrm{N}} (0,1/n) \neq \varnothing$ 라고 가정함으로써 구하는 교집합에 속하는 적당한 양의 실수 a 가 존재한다고 하자.

즉, $a \in \bigcap_{n \in \mathrm{N}} (0,1/n)$. 그러면 모든 $n \in \mathrm{N}$ 에 대하여 $0 < a < 1/n$. 그러나 $1/a < n$ 즉, $1/n < a$를 만족시키는 $n \in \mathrm{N}$ 이 존재한다. 이것은 $a < 1/n$ 에 모순이다. 따라서 $\bigcap_{n \in \mathrm{N}} (0,1/n) = \varnothing$.

정리6.1 집합족 $\{A_\gamma \mid \gamma \in \Gamma\}$ 에 대하여 $\Gamma = \varnothing$ 이면 다음이 성립한다.

(1) $\bigcup_{\gamma \in \varnothing} A_\gamma = \varnothing$

(2) $\bigcap_{\gamma \in \varnothing} A_\gamma = U$

(증명) (1) 모든 $x \in U$에 대하여 $x \notin \bigcup_{\gamma \in \varnothing} A_\gamma$ 임을 밝히면 충분하다.

$$x \notin \bigcup_{\gamma \in \varnothing} A_\gamma \quad \Leftrightarrow \sim \left(x \in \bigcup_{\gamma \in \varnothing} A_\gamma\right)$$

$\Leftrightarrow \sim$(적당한 $\gamma \in \varnothing$에 대하여 $x \in A_\gamma$) 〈정의 6.3〉

$\Leftrightarrow$ (모든 $\gamma \in \varnothing$ 에 대하여 $x \notin A_\gamma$) 〈Q.N.(제1장)〉

$\Leftrightarrow (\gamma \in \varnothing \Rightarrow x \notin A_\gamma)$

그러므로 $x \notin \bigcup_{\gamma \in \varnothing} A_\gamma \Leftrightarrow (\gamma \in \varnothing \Rightarrow x \notin A_\gamma)$.

여기서 $\gamma \in \varnothing$ 는 거짓이므로 모든 $x \in U$ 에 대하여 명제 「$\gamma \in \varnothing \rightarrow x \notin A_\gamma$」는 참이다. 이로써 증명은 끝난다.

(2) 모든 $x \in U$에 대하여 $x \in \bigcap_{\gamma \in \varnothing} A_\gamma$ 임을 밝힌다.

$$x \in \bigcap_{\gamma \in \varnothing} A_\gamma \quad \Leftrightarrow \forall \gamma \in \varnothing,\ x \in A_\gamma$$ 〈정의 6.4〉

$\Leftrightarrow (\gamma \in \varnothing \Rightarrow x \in A_\gamma)$

그러므로 $x \in \bigcap_{\gamma \in \varnothing} A_\gamma \Leftrightarrow (\gamma \in \varnothing \Rightarrow x \in A_\gamma)$

여기서도 명제「$\gamma \in \varnothing \rightarrow x \in A_\gamma$」는 (1)의 증명에서와 같이 모든 $x \in U$에 대하여 참이다. ◁

유한개의 집합들에 대한 연산에 관한 정리 중 많은 것이 임의의 집합족의 연산에 관한 정리로 일반화될 수 있다. 이를테면 다음은 드 모르간의 정리를 일반화한 것이다.

정리6.2 〈일반 드 모르간의 법칙〉

임의의 집합족 $\{A_\gamma \mid \gamma \in \Gamma\}$에 대하여 다음이 성립한다.

(1) $(\bigcup_{\gamma \in \Gamma} A_\gamma)^c = \bigcap_{\gamma \in \Gamma} A_\gamma^c$

(2) $(\bigcap_{\gamma \in \Gamma} A_\gamma)^c = \bigcup_{\gamma \in \Gamma} A_\gamma^c$

(증명) (1)의 증명만을 하고 (2)의 증명은 연습문제로 둔다.

$$x \in (\bigcup_{\gamma\in\Gamma} A_\gamma)^c$$

$$\Leftrightarrow \ \sim (x \in \bigcup_{\gamma\in\Gamma} A_\gamma)$$

$$\Leftrightarrow \ \sim (\exists \gamma \in \Gamma,\ x \in A_\gamma)$$

$$\Leftrightarrow \ \forall \gamma \in \Gamma,\ x \notin A_\gamma$$

$$\Leftrightarrow \ \forall \gamma \in \Gamma,\ x \in A_\gamma^c$$

$$\Leftrightarrow x \in \bigcap_{\gamma\in\Gamma} A_\gamma^c$$

그러므로 $x \in (\cup_{\gamma\in\Gamma} A_\gamma)^c \Leftrightarrow x \in \bigcap_{\gamma\in\Gamma} A_\gamma^c$.

따라서 $(\bigcap_{\gamma\in\Gamma} A_\gamma)^c = \bigcap_{\gamma\in\Gamma} A_\gamma^c$. ◁

다음 정리는 앞의 분배법칙을 일반화한 것이다.

정리6.3 〈일반화 된 분배법칙〉

임의의 집합족 $\mathscr{F} = \{B_\gamma \mid \gamma \in \Gamma\}$ 와 집합 A 에 대하여 다음이 성립한다.

(1) $A \cap (\bigcup_{\gamma\in\Gamma} B_\gamma) = \bigcup_{\gamma\in\Gamma} (A \cap B_\gamma)$

(2) $A \cup (\bigcap_{\gamma\in\Gamma} B_\gamma) = \bigcap_{\gamma\in\Gamma} (A \cup B_\gamma)$

(증명) (1) $x \in A \cap \left(\bigcup_{\gamma\in\Gamma} B_\gamma\right)$

$\Leftrightarrow x \in A \ \wedge \ x \in \bigcup_{\gamma\in\Gamma} B_\gamma$

$\Leftrightarrow x \in A \ \wedge$ 적당한 $\gamma \in \Gamma$ 에 대하여 $x \in B_\gamma$

$\Leftrightarrow$ 적당한 $\gamma \in \Gamma$에 대하여 $x \in A \cap B_\gamma$

$\Leftrightarrow x \in \bigcup_{\gamma\in\Gamma} (A \cap B_\gamma)$

그러므로 $A \cap (\bigcup_{\gamma\in\Gamma} B_\gamma) = \bigcup_{\gamma\in\Gamma} (A \cap B_\gamma)$.

(2)의 증명은 연습문제로 둔다. ◁

연습문제 2.6

1. $\Gamma = \{1,2,3,4\}$, $A_1 = \{a,b,c,d\}$, $A_2 = \{b,c,d\}$, $A_3 = \{a,b,c\}$, $A_4 = \{a,b\}$ 에 대하여 다음을 구하여라.

   (1) $\bigcup_{i=1}^{4} A_i$ (2) $\bigcap_{i=1}^{4} A_i$

2. 다음 집합을 구하여라.

   (1) $\bigcap_{n \in \mathrm{N}} [0, 1/n]$

   (2) $\bigcup_{n \in \mathrm{N}} [0, 1/n]$

   (3) $\bigcap_{n=1}^{99} [0, 1/n]$

3. 〈정리 6.2〉(2)를 증명하여라.

4. 〈정리 6.3〉(2)를 증명하여라.

5. 다음 (1)은 교집합들의 합집합으로, (2)는 합집합들의 교집합으로 각각 전개하여라.

   (1) $(A_1 \cup A_2) \cap (B_1 \cup B_2 \cup B_3)$

   (2) $(A_1 \cap A_2) \cup (B_1 \cap B_2 \cap B_3)$

6. 다음 (1)은 교집합들의 합집합으로, (2)는 합집합들의 교집합으로 각각 전개하여라.

   (1) $\left(\bigcup_{i=1}^{m} A_i\right) \cap \left(\bigcup_{j=1}^{n} B_j\right)$ (2) $\left(\bigcup_{i=1}^{m} A_i\right) \cup \left(\bigcap_{j=1}^{n} B_j\right)$

7. 임의의 두 집합족 $\{A_\gamma | \gamma \in \Gamma\}$, $\{B_\delta | \delta \in \Delta\}$에 대하여 다음 (1)은 교집합들의 합집합으로, (2)는 합집합들의 교집합으로 각각 전개하여라.

   (1) $\left(\bigcup_{\gamma \in \Gamma} A_\gamma\right) \cap \left(\bigcup_{\delta \in \Delta} B_\delta\right)$ (2) $\left(\bigcap_{\gamma \in \Gamma} A_\gamma\right) \cup \left(\bigcap_{\delta \in \Delta} B_\delta\right)$

§2.7 역리 및 역사적 배경

<러셀의 역리(Russell's Paradox)의 역사적 의미>

이제 우리들 가운데 많은 사람은 집합이 무엇을 뜻하는가를 이해한다고 생각할는지 모른다. 다시 말하여 처음으로 집합론 과목을 택하는 대부분의 사람들은 **모든 집합의 집합** 또는 이른바 절대적 뜻에서의 **전체 집합**을 생각할 때 적어도 직관적으로는 무엇이 잘못인가를 알아차리지 못할 것이다. 사실 이러한 전체집합은 한 시기(Georg Cantor가 처음으로 집합론을 창조하던 1895년부터 **러셀의 역리**(Russell Paradox)가 나타난 1907년까지)에 당연한 것으로 받아들여졌다. 그러나 영국의 유명한 철학자 러셀(Bertrand Russell, 1872-1970 : 1872 년 3월 18일 Trelleck, wales에서 태어난 러셀은 4살 전에 양친을 잃었다. 그는 1890년 Cambridge University, Trinity College 에 입학할 때까지 수줍음을 타는 조용한 소년이었다. 3년간의 수학공부 끝에 교육 받아온 것은 틀린 것으로 차있다고 결론을 지은 그는 수학 책들을 팔아버리고 철학으로 공부를 바꾸었다. 화이트헤드(Alfred North Whitehead, 1816-1913)와 공동으로 집필한 불멸의 세 권의 저서인 **수학의 원리**(principia mathematica, 1910-1913)에서 집합론을 재구성함으로써 역리를 제거하고자 노력하였던 그는 1918 년에 다음과 같이 적고 있다. "아는(지적)세계의 테두리에 서서 저 너머의 무지를 통찰함으로써 남들보다 좀더 많은 것을 알기 원하며 인류에게 얼마간의 지혜를 상기시키고자 한다." 같은 해에 그는 미국 군대에 관해 거슬리는 논평을 한 이유로 투옥되기도 하였다. 1950년에는 영국 왕으로부터 메릿 훈장을, 한편 노벨 문학상을 받기도 하였던 그는 만년에 핵전쟁을 반대하는 여러 시위운동을 인도하였다.)은 모든 집합의 집합을 허용한다면 모순이 야기된다는 사실을 주장함으로써 1902년 수학계에 충격을 주었다. 이러한 그의 주장은 유명한 러셀의 역리로 알려져 있다. 여기서는 이 역리를 모순으로 보여지는 두 **보조정리**(lemma)로서 제시하고 그로부터 하나의 정리를 유도하기로 한다.

보조정리1 모든 집합의 집합 $\mathscr{I}$ 가 존재한다고 가정한다. 지금

$$R = \{S \in \mathscr{I} \mid S \notin S\}$$

라고 놓으면 $R \notin R$.

(증명) 결론을 부정하여 $\sim(R \not\in R)$, 즉, $R \in R$ 이라고 가정한다. 그런데 $R \in \mathcal{J}$ 이므로 집합 R 의 정의에 의하여 $R \not\in R$. 이것은 가정 $R \in R$ 에 모순이다. 따라서$R \not\in R$. ◁

보조정리1 모든 집합의 집합 $\mathcal{J}$ 가 존재한다고 가정한다. 지금

$$R = \{S \in \mathcal{J} \mid S \not\in S\}$$

라고 놓으면 $R \in R$

(증명) 결론 $R \in R$ 을 부정하여 $\sim(R \in R)$, 즉 $R \not\in R$ 이라고 가정한다. 그런데 $R \in \mathcal{J}$ 이므로 집합 R 의 정의에 의하여 $R \in R$. 이것은 가정 $R \not\in R$ 에 모순이다. 따라서 $R \in R$. ◁

정리7.1 모든 집합의 집합은 존재하지 않는다.

(증명) 〈보조정리 1과 2〉으로부터 모든 집합의 집합은 존재하지 않는다. 왜냐하면 그러한 집합이 존재한다면 모순 「$R \not\in R \wedge R \in R$」이 야기되기 때문이다. ◁

<역사적 배경>

일반적으로 현대 집합론은 1895년에 유명한 수학자 칸토르(Georg Cantor 1845-1918 : 1845년 St. Petersburg, Russia에서 태어난 칸토르는 1856년에 독일로 옮겨 University of Berlin에서 수학공부(1863-1869)를 하였으며 University of Halle 에서 강의(1869-1905)를 하였다. 칸토르의 흥미 중의 하나는 그로 하여금 해석학의 기초를 연구하게 한 삼각 함수열이였으며, 그 결과로 칸토르는 처음으로 집합론과 초월수의 산수에 관한 혁명적 업적을 이루었다.) 에 의하여 창조된 것으로 인정되고 있다. 그는 삼각 함수열을 연구하다가 그 같은 이론에 대한 필요성을 주목하기에 이르렀다고 한다. 칸토르는 다음과 같이 적고 있다.

집합을 두고 우리는 직관 또는 사고의 대상으로서 분명히 구분되는 것의 전체적 집단으로 이해하고자 한다.

그런데 이 정의는 이미 러셀이 지적한대로 누구에게서나 모든 집합의 집합에 대한 생각

을 가로막는다. 칸토르가 내린 집합의 정의에 대하여 참으로 곤란한 점은 **모임**이라는 단어에 있다. 그럼 모임은 무엇일까? 물론 사전을 뒤져서 어느 정도 다음과 같은 정의들과 비슷한 것을 찾을 수는 있다.

집단 : 수집한 대상들의 모임

모임 : 집합체 또는 집단

집합체 : 집단

그러나 이러한 정의는 별로 도움이 되지 않는다. 수학자가 정의를 내릴 때는 **집합**에 대한 **집단**처럼 단순한 동의어이거나 또는 사전에서 찾기 마련인 순환적 정의이어서는 안된다. 칸토르는 얼핏 보기에 **집합**이란 용어의 정의는 실제로 내릴 수 없는 것임을 알아차리지 못하였다.

집합론에 있어서 러셀의 역리와 같은 어떠한 난점도 피하려면 **집합**과 **원소**의 용어들은 무정의 용어로 받아들여야 하고, 이들 무정의 용어는 제2장에서 소개한 바 있는 분출의 공리, 멱집합의 공리를 위시하여 몇 개의 공리들로 하여금 규제하도록 해야 한다. 공리적으로 집합론을 다룰 경우 필요로 하는 공리를 몇 개 더 소개하면 다음과 같다.

〈**외연성공리**(axiom of extensionality)〉

집합 A, B 의 원소가 같으면 그리고 그 때에만 A=B

〈**공집합의 공리**(axiom of empty set)〉

$\varnothing$ 는 하나의 집합이다.

〈**쌍의 공리**(axiom of pairing)〉

A, B 가 집합이면 $\{A, B\}$ 또한 집합이다.

〈**합집합의 공리**(axiom of union)〉

$\mathscr{I}$ 가 집합들의 집합이면 $\cup \mathscr{I}$ 도 또한 집합이다.

집합론에서 대두하는 역리 중에는 러셀의 역리 이외의 것도 있다. 러셀의 역리가 나타난 지 얼마안가서 많은 역리들이 수 명의 수학자와 논리학자에 의하여 제시되었다. 이러한 모든 역리의 결과로써 많은 수학자와 논리학자는 공리적 집합론을 다양하게 구성하기에 이르렀지만 그 어느 집합론이건 역리를 피해가며 칸토르의 집합론의 주요 골격만은 유지할 수 있도록 마련되었다.

위에서 언급한 단점에도 불구하고 오늘날 현대 수학의 각 분야에 파급되어 있는 칸토르의 집합론은 각별히 현대 해석학의 기초와 위상 수학에서의 중요성을 입증하여 왔다.

제 3 장

관계와 함수

이 장에서는 두 집합의 카테시안곱(곱집합)을 중심으로 관계를 순서쌍의 집합으로서 정의하고 집합 위에서의 분할과 동치관계 사이의 관련성을 알아본다. 특별히 관계의 한 종류로서 함수의 개념을 도입하고 현대수학을 관심 있게 공부하려는 이들을 위하여 함수에 관한 중요한 성질을 다룬다.

§3.1 곱집합

정의1.1 **〈순서쌍(ordered pair)〉**

임의의 두 대상 a,b 에 대하여 순서 진 새로운 대상 (a,b) 를 a,b 의 **순서쌍**(ordered pair)이라고 한다.

여기서 수식어 「**순서 진**(ordered)」은 괄호 속에 나타난 원소 a,b 의 순서가 중요함을 강조하고 있다. 또한 우리는 동등 「=」을 다음과 같이 정의한다.

정의1.2 **〈순서쌍의 동등〉**

두 순서쌍 (a,b), (c,d) 에 대하여 「$a=c$ 이고 $b=d$ 이면, 그리고 그 때에만 (a,b) 와 (c,d) 는 같다」고 정의 하고 이것을 「$(a,b)=(c,d)$ 」와 같이 나타낸다. 즉

$$(a,b)=(c,d) \Leftrightarrow [a=c \ \wedge \ b=d]$$

이를테면 $x=7$ 이고 $y=8$ 이면, 그리고 그때에만 $(x,y)=(7,8)$을 만족한다.

[참고] 순서쌍 (a,b) 는 집합 $\{a,b\}$ 와 같지 않다는 것을 주의해야 한다. 순서쌍을 집합

$\{\{a\},\{a,b\}\}$ 로 정의하면 위의 동등성을 증명할 수 있다. 그러나 이는 다소 복잡하므로 여기서는 생략한다.

정의1.3 임의의 두 집합 A, B 에 대하여 모든 $x \in A$, $y \in B$ 의 순서쌍 (x,y) 의 집합을 A 와 B 의 **카테시안 곱**(Cartesian product)이라 하고 이것을 $A \times B$ 로 나타낸다. 즉

$$A \times B = \{(x,y) \mid x \in A \ \wedge \ y \in B\}.$$

순서쌍 (a, b) 에 대하여 a 와 b 를 각각 **첫째 좌표**(first coordinate), **둘째 좌표**(second coordinate)라고 한다.

예제1.1 두 집합 $A = \{a,b,c\}$, $B = \{1,2\}$ 에 대하여 $A \times B$ 와 $B \times A$ 를 각각 구하여라.

풀이 〈정의 1.3〉 에 의하여

$$A \times B = \{(a,1),(a,2),(b,1),(b,2),(c,1),(c,2)\}$$

$$B \times A = \{(1,a),(1,b),(1,c),(2,a),(2,b),(2,c)\}$$

예제1.2 순서쌍 $(2,3)$과 $(3,2)$는 다르다.

예제1.3 해석학 및 기하학에서의 **카테시안 평면**(Cartesian plane) $\mathbb{R}^2$ 은 실수의 모든 순서쌍의 집합으로 생각한다. 즉

$$\mathbb{R}^2 = \{(a,b) \mid a,b \in \mathbb{R}\}$$

예제1.4 집합 $W = \{s,t\}$ 일때 $W \times W$ 를 구하여라.

$$W \times W = \{(s,s),(s,t).(t,s),(t,t)\}$$

예제1.5 두 순서쌍 $(x+y,1)$ 과 $(3,x-y)$ 가 같을 때 x 와 y 를 구하여라.

풀이 〈정의 1.2〉 에 의하여

$$(x+y,1) = (3,x-y) \Leftrightarrow x+y=3 \ \wedge \ 1=x-y.$$

그러므로 $x=2$, $y=1$.

[참고] 〈예제 1.1〉에서 우리는 $A\times B\neq B\times A$ 인 것을 주의하여야 한다. 즉 두 집합의 카테시안 곱은 가환이 아니다.

카테시안 곱 $A\times B$를 다음 그림과 같이 점의 집합으로 나타낼 수 있다.

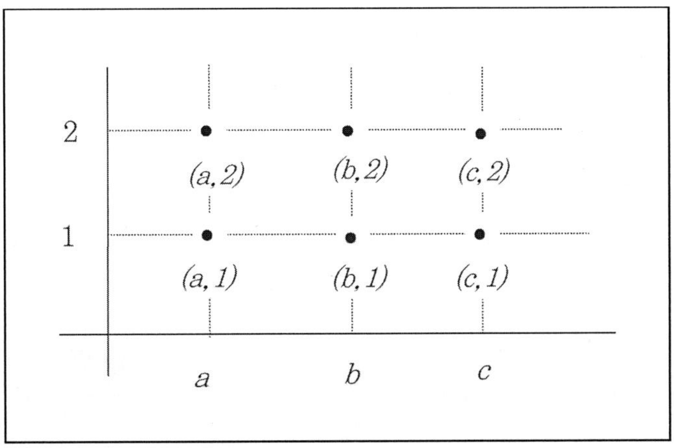

〈그림 7〉

예제1.6 임의의 집합 A 에 대하여 $A\times\varnothing$, $\varnothing\times A$ 를 각각 구하여라.

풀이 $A\times\varnothing$ 는 $a\in A$, $b\in B$ 인 모든 순서쌍 (a,b) 의 집합이다. 그러나 공집합 $\varnothing$ 에 속하는 원소는 존재하지 않으므로 $\varnothing$ 에는 원소 b 가 존재하지 않는다. 그러므로 $A\times\varnothing=\varnothing$. 마찬가지로 $\varnothing\times A=\varnothing$.

정리1.1 임의의 세 집합 A,B,C 에 대하여 다음이 성립한다.

(1) $A\times(B\cap C)=(A\times B)\cap(A\times C)$

(2) $A\times(B\cup C)=(A\times B)\cup(A\times C)$

증명 (1) $(a,x)\in A\times(B\cap C)$

$\Leftrightarrow(a\in A)\wedge(x\in B\cap C)$ 〈곱집합의 정의〉

$\Leftrightarrow(a\in A)\wedge(x\in B\wedge x\in C)$ 〈∩의 정의〉

$\Leftrightarrow(a\in A)\wedge(a\in A)\wedge(x\in B)\wedge(x\in C)$ 〈Idemp., Assoc.〉

$\Leftrightarrow [(a \in A) \wedge (x \in B)] \wedge [(a \in A) \wedge (x \in C)]$ 〈Com., Assoc.〉

$\Leftrightarrow [(a,x) \in A \times B] \wedge [(a,x) \in A \times C]$ 〈곱집합의 정의〉

$\Leftrightarrow (a,x) \in [(A \times B) \cap (A \times C)]$ 〈∩의 정의〉

그러므로

$$(a,x) \in [A \times (B \cap C)] \Leftrightarrow (a,x) \in [(A \times B) \cap (A \times C)]$$

따라서 $A \times (B \cap C) = (A \times B) \cap (A \times C)$.

(2)의 증명은 연습문제로 둔다. ◁

정리1.2 임의의 세 집합 A, B, C에 대하여 다음이 성립한다.

$$A \times (B - C) = (A \times B) - (A \times C)$$

증명 $(a,x) \in [A \times (B - C)]$

$\Leftrightarrow (a \in A) \wedge (x \in B - C)$ 〈곱집합의 정의〉

$\Leftrightarrow (a \in A) \wedge [(x \in B) \wedge (x \notin C)]$ 〈차집합의 정의〉

$\Leftrightarrow (a \in A) \wedge (a \in A) \wedge (x \in B) \wedge (x \notin C)$ 〈Idemp., Assoc.〉

$\Leftrightarrow [(a \in A) \wedge (x \in B)] \wedge [(a \in A) \wedge (x \notin C)$ 〈Com., Assoc.〉

$\Leftrightarrow [(a,x) \in A \times B] \wedge [(a,x) \notin A \times C]$ 〈곱집합의 정의〉

$\Leftrightarrow (a,x) \in [(A \times B) - (A \times C)]$ 〈차집합의 정의〉

그러므로

$$(a,x) \in [A \times (B - C)] \Leftrightarrow (a,x) \in [(A \times B) - (A \times C)]$$

따라서 $A \times (B - C) = (A \times B) - (A \times C)$. ◁

[참고] 위 정리들로 보아 카테시안 곱은 합집합, 교집합, 차집합에 관하여 분배법칙이 성립함을 알 수 있다.

정리1.3 $A \subset B$ 이고 $C \subset D$ 이면 $A \times C \subset B \times D$ 이다.

증명 $(x,y) \in (A, C)$

$\Rightarrow x \in A \ \wedge \ y \in C$ 〈곱집합의 정의〉

$\Rightarrow x \in B \wedge y \in D$ 〈$A \subset B \wedge C \subset D$〉

$\Rightarrow (x,y) \in B \times D$ 〈곱집합의 정의〉

따라서 $A \times C \subset B \times D$. ◁

정리1.4 임의의 네 집합 A, B, C, D에 대하여 다음이 성립한다.

$$(A \times C) \cap (B \times D) = (A \cap B) \times (C \cap D)$$

(증명) $(x,y) \in (A \times C) \cap (B \times D)$

$\Leftrightarrow (x,y) \in A \times C \wedge (x,y) \in B \times D$

$\Leftrightarrow [x \in A \wedge y \in C] \wedge [x \in B \wedge y \in D]$

$\Leftrightarrow x \in A \wedge [y \in C \wedge x \in B] \wedge y \in D$

$\Leftrightarrow x \in A \wedge [x \in B \wedge y \in C] \wedge y \in D$

$\Leftrightarrow [x \in A \wedge x \in B] \wedge [y \in C \wedge y \in D]$

$\Leftrightarrow x \in A \cap B \wedge y \in C \cap D$

$\Leftrightarrow (x,y) \in (A \cap B) \times (C \cap D)$

그러므로 $(A \times C) \cap (B \times D) = (A \cap B) \times (C \cap D)$. ◁

정리1.5 임의의 네 집합 A, B, C, D에 대하여 다음이 성립한다.

$$(A \times C) \cup (B \times D) \subset (A \cup B) \times (C \cup D)$$

(증명) $(x,y) \in (A \times C) \cup (B \times D)$

$\Rightarrow (x,y) \in A \times C \vee (x,y) \in B \times D$

$\Rightarrow [x \in A \wedge y \in C] \vee [x \in B \wedge y \in D]$

$\Rightarrow [x \in A \vee y \in B] \wedge [x \in A \vee y \in D]$

$\wedge [x \in B \vee y \in C] \wedge [y \in C \vee y \in D]$

$\Rightarrow ([x \in A \cup B] \wedge [x \in A \wedge y \in D])$

$\wedge ([x \in B \wedge y \in C] \wedge [y \in C \cup D])$

$\Rightarrow [x \in A \cup B] \wedge [y \in C \cup D]$

$\Rightarrow (x,y) \in (A \cup B) \times (C \cup D)$

그러므로 $(A \times C) \cup (B \times D) \subset (A \cup B) \times (C \cup D)$.

등호 $=$는 일반적으로 성립하지 않는다. 이의 증명은 연습문제로 둔다. ◁

[참고] 카테시안 곱의 정의를 n 개의 집합 $A_1, A_2, \cdots, A_n$ 의 카테시안 곱으로 다음과 같이 일반화할 수 있다.

$$A_1 \times A_2 \times \cdots \times A_n = \{(a_1, a_2, \cdots, a_n) \mid a_i \in A_i,\ \ i = 1, 2, \cdots, n\}$$

연습문제 3.1

1. 다음 집합을 카테시안 평면 위에 그래프를 그림으로써 기하학적으로 나타내어라.
   (1) $\{(x,y) \in \mathbb{R} \times \mathbb{R} \mid x = y\}$
   (2) $\{(x,y) \in \mathbb{R} \times \mathbb{R} \mid x > y\}$
   (3) $\{(x,y) \in \mathbb{R} \times \mathbb{R} \mid |x+y| \le 1\}$

2. 두 집합 A, B 에 대하여 어떤 조건하에 $A \times B = B \times A$ 가 참이겠는가?

3. $A \times (B \cup C) = (A \times B) \cup (A \times C)$ 임을 증명하여라.

4. $A \times B = \varnothing \Leftrightarrow A = \varnothing \vee B = \varnothing$ 임을 증명하여라.

5. 집합 A, B, C 에 대하여 $A \subset B$ 이면 $A \times C \subset B \times C$ 임을 증명하여라.

6. 집합 A, B 의 원소가 각각 m, n 개일 때 $A \times B$ 의 원소(순서쌍)는 몇 개인가?

7. 원소가 모두 9개인 카테시안 곱 $A \times A$ 에는 (a,b), (b,c) 가 속한다고 한다. 이 집합의 나머지 원소와 집합 A 를 각각 구하여라.

8. 다음 각 명제를 증명 또는 반증(반례를 들음으로써)하여라.
   (1) $A \subset C$ 이고 $B \subset D$ 이면, 그리고 그 때에만 $A \times B \subset C \times D$
   (2) $\wp(A \times B) = \wp(A) \times \wp(B)$
   (3) $(A \times B) \cup (C \times D) = (A \cup C) \times (B \cup D)$

9. 순서쌍 (a,b)를 집합 $\{\{a\},\{a,b\}\}$로 정의할 때 이 정의에 의하여 다음을 증명하여라.
   $(a,b) = (c,d) \Leftrightarrow a = c \wedge b = d$

§3.2 관계

주어진 두 집합 A,B (서로 같더라도 무방함)에 대하여 A 의 원소 a 가 관계 $\Re$ 에 의하여 B 의 원소 b 와 관계된다는 것은 카테시안곱 $A\times B$ 의 순서쌍 (a,b) 에 관한 명제를 만드는 일이다. 그러므로 두 집합의 카테시안곱에 의하여 관계에 대한 수학적 정의를 내릴 수 있다.

정의2.1 〈**관계**(Relation)〉
집합 A 에서 B 로의 **관계** $\Re$ 을 A 와 B 의 카테시안곱 $A\times B$ 의 부분집합으로 정의한다. 즉

$$\Re \subset A\times B$$

<기호(notation)>

$(a,b)\in\Re$ 를 $a\Re b$(혹은 $a\sim_{\Re} b$)와 같이 나타내고 이 기호를

a 는 $\Re$ 에 의하여 b 와 관계가 있다.

a 와 b 는 $\Re$ 관계가 있다.

라고 읽는다.

마찬가지로 $(a,b)\notin\Re$ 를 $a\not\Re b$(혹은 $a\not\sim_{\Re} b$)와 같이 나타내고 이 기호를

a 는 $\Re$ 에 의하여 b 와 관계가 없다.

a 와 b 는 $\Re$ 관계가 없다.

라고 읽는다.

흔히 두 집합 A,B 가 모두 집합 X 와 같은 경우 「X 에서 X 로의 관계 $\Re$」이라고 하는 대신 「X 에서의 관계 $\Re$」이라고 한다.

예제2.1 X 를 남자들의 집합, Y 를 여자들의 집합이라 할때 관계 $\Re_1=\{(a,b)\,|\,a$ 는 b 의 남편$\}$ 이라 놓으면 $\Re_1$은 X 에서 Y 로의 한 관계이다.

예제2.2 X를 여자들의 집합, Y를 남자들의 집합이라 할 때 관계 $\Re_2 = \{(a,b) | a$ 는 b 의 부인$\}$ 이라 놓으면 $\Re_2$ 는 X 에서 Y 로의 한 관계이다.

예제2.3 관계 $\Re_3 = \{(a,b) \in \mathrm{N} \times \mathrm{N} \mid a < b\}$는 N 에서의 관계이다.

예제2.4 두 집합을 $A = \{1,2,3\}$, $B = \{a,b\}$ 라고 할 때, 관계 $\Re_4 = \{(1,a),(1,b),(3,a)\}$ 는 A 에서 B 로의 관계이고 $1\Re a$, $3\Re a$, $2\not\Re b$이다.

정의2.2 〈**역관계**(inverse relation)〉

위 〈예제2.1, 2.2〉에서 우리는 다음과 같은 규칙을 얻을 수 있다.

$$(a,b) \in \Re_1 \Leftrightarrow (b,a) \in \Re_2$$

이 경우 관계 $\Re_2$ 를 관계 $\Re_1$ 의 **역관계**(inverse relation)라고 하고

$$\Re_2 = \Re_1^{-1}$$

로 쓴다.

집합 A,B (서로 같더라도 무방함)에 대하여 A 에서 B 로의 관계 $\Re$ 의 역관계 $\Re^{-1}$ 는 B 에서 A 로의 관계로서 $a\Re b$ 이면, 그리고 그 때에만 $b\Re^{-1}a$ 이다. 즉 기호로는 다음과 같다.

$$\Re^{-1} = \{(b,a) | (a,b) \in \Re\}$$

예제2.5 (1) 두 집합 $A = \{a,b\}$, $B = \{x,y,z\}$ 에 대하여 관계 $\Re (\subset A \times B)$ 를 $\Re = \{(a,x),(b,y)\}$ 라고 놓으면 그 역관계는 다음과 같다.

$$\Re^{-1} = \{(x,a),(y,b)\} \subset B \times A$$

(2) 관계 $\Re = \{(x,y) \in \mathrm{N} \times \mathrm{N} \mid x$ 는 y 의 약수$\}$ 라고 놓으면 그 역관계는 다음과 같다.

$$\Re^{-1} = \{(x,y) \in \mathrm{N} \times \mathrm{N} \mid x \text{ 는 } y \text{ 의 배수}\}$$

정의2.3 〈**정의역**(domain)과 **상**(image)〉

집합 A 에서 집합 B 로의 관계 $\Re$ 에 있어서 적당한 $b \in B$ 에 대하여 $a\Re b$ 인 모든

$a \in A$ 의 집합을 $\mathfrak{R}$ 의 **정의역**(domain)이라 하고 이것을 $Dom(\mathfrak{R})$ 과 같이 나타낸다. 즉 정의역은 관계 $\mathfrak{R}$ 의 첫째 성분들의 집합을 말한다. 기호로는 다음과 같다.

$$Dom(\mathfrak{R}) = \{a \in A \mid \text{적당한 } b \in B\text{에 대하여 } (a,b) \in \mathfrak{R}\}$$

$$a \in Dom(\mathfrak{R}) \Leftrightarrow (\exists b \in B)\ (a,b) \in \mathfrak{R}$$

한편 적당한 $a \in A$ 에 대하여 $a\mathfrak{R}b$ 인 모든 $b \in B$ 의 집합을 $\mathfrak{R}$ 의 **상**(image)이라 하고 이것을 $Im(\mathfrak{R})$ 로 나타낸다. 즉 상은 관계 $\mathfrak{R}$ 의 둘째 성분들의 집합을 말한다. 기호로는 다음과 같다.

$$Im(\mathfrak{R}) = \{b \in B \mid \text{적당한 } a \in A\text{에 대하여 } (a,b) \in \mathfrak{R}\}$$

$$b \in Im(\mathfrak{R}) \Leftrightarrow (\exists a \in A)\ (a,b) \in \mathfrak{R}$$

예제2.6 〈예제2.1, 2.2〉에서 언급한 바 있는 (…의 남편)관계 $\mathfrak{R}_1$ 과 (…의 부인)관계 $\mathfrak{R}_2$ 에 대하여 $\mathfrak{R}_1$ 의 정의역은 X 에 속한 모든 기혼남성이고 그 상은 Y 에 속한 모든 기혼여성의 집합이다. 한편 $\mathfrak{R}_2$의 정의역은 X 에 속한 모든 부인의 집합이고 그 상은 Y 에 속한 모든 남편의 집합이다. 즉

$$Dom(\mathfrak{R}_1) = Im(\mathfrak{R}_2),\quad Im(\mathfrak{R}_2) = Dom(\mathfrak{R}_1)$$

예제2.7 (1) 두 집합 $A = \{a,b\}$, $B = \{x,y,z\}$ 에 대하여 관계 $\mathfrak{R} \subset A \times B$ 를 $\mathfrak{R} = \{(a,x),(b,y)\}$ 라고 놓으면

$$Dom(\mathfrak{R}) = \{a,b\},\quad Im(\mathfrak{R}) = \{x,y\},$$

(2) 관계 $\mathfrak{R} = \{(x,y) \in \mathrm{N} \times \mathrm{N} \mid x\text{는 } y\text{의 약수}\}$이면

$$Dom(\mathfrak{R}) = \mathrm{N} = Im(\mathfrak{R})$$

정의2.4 집합 X 에서의 관계 $\mathfrak{R}$ 에 대하여 다음과 같이 정의한다.

(1) $\forall x \in X,\ x\mathfrak{R}x$ 일 때 $\mathfrak{R}$은 **반사적**(reflexive)이다.

(2) $\forall x,y \in X,\ x\mathfrak{R}y \Rightarrow y\mathfrak{R}x$ 일 때 $\mathfrak{R}$은 **대칭적**(symmetric)이다.

(3) $\forall x,y,z \in X,\ x\mathfrak{R}y \wedge y\mathfrak{R}z \Rightarrow x\mathfrak{R}z$ 일 때 $\mathfrak{R}$은 **추이적**(transitive)이다.

$\mathfrak{R}$이 반사적, 대칭적, 추이적일 때 $\mathfrak{R}$을 **동치관계**(equivalence relation)라 한다.

정리2.1 집합 X 위의 관계 $\Re$ 에 대하여 다음이 성립한다.

(1) $\Delta_X = \{(x,x) | x \in X\}) \subset \Re \Leftrightarrow \Re$ 은 반사적이다.

(2) $\Re = \Re^{-1} \Leftrightarrow \Re$ 은 대칭적이다.

(3) $\Re^{-1}$ 이 반사적이다 $\Leftrightarrow \Re$ 이 반사적이다.

(4) $\Re^{-1}$ 이 대칭적이다 $\Leftrightarrow \Re$ 이 대칭적이다.

(증명) 여기서는 (1), (2)의 증명만 하고 나머지는 연습문제로 둔다.

(1) 「$\Delta_X \subset \Re \Rightarrow \Re$ 은 반사적이다」을 증명하자.

$x \in X$	$\Rightarrow (x,x) \in \Delta_X$	〈Δ_X의 정의〉
	$\Rightarrow (x,x) \in \Re$	〈가정: $\Delta_X \subset \Re$〉

그러므로 $\Re$은 반사적이다.

다음으로 「$\Delta_X \subset \Re \Leftarrow \Re$ 은 반사적이다」을 증명하자.

$(x,x) \in \Delta_X \Rightarrow (x,x) \in \Re$ 〈가정: $\Re$ 은 반사적〉

그러므로 $\Delta_X \subset \Re$.

(2) 「$\Re = \Re^{-1} \Rightarrow \Re$ 은 대칭적이다」를 증명하자.

$(x,y) \in \Re$	$\Rightarrow (y,x) \in \Re^{-1}$	〈역관계의 정의〉
	$\Rightarrow (y,x) \in \Re$	〈가정: $\Re = \Re^{-1}$〉

그러므로 $\Re$은 대칭적이다.

다음으로 「$\Re = \Re^{-1} \Leftarrow \Re$ 은 대칭적이다.」를 증명하자.

$(x,y) \in \Re$	$\Leftrightarrow (y,x) \in \Re$	〈가정: $\Re$은 대칭적〉
	$\Leftrightarrow (x,y) \in \Re^{-1}$	〈 역관계의 정의〉

그러므로 $\Re = \Re^{-1}$. ◁

예제2.8 $V = \{1,2,3,4\}$, $\Re = \{(1,1),(2,4),(3,3),(4,1),(4,4)\}$ 라 하자, $(2,2) \notin \Re$ 이므로 $\Re$은 반사적이 아니다.

예제2.9 $\{1,2,3,4\}$에서 $\Re = \{(1,3),(4,2),(2,4),(2,3),(3,1)\}$이라 하자. 이때 $(2,3) \in \Re$ 이지만 $(3,2) \notin \Re$이므로 $\Re$은 대칭적이 아니다.

예제2.10 $W = \{1,2,3,4\}$ 이고 $\Re = \{(1,3),(4,2),(3,3),(2,4)\}$ 이라 하자. 이때 $(4,2) \in \Re$ 이고 $(2,4) \in \Re$ 이지만 $(4,4) \notin \Re$ 이다. 따라서 $\Re$ 은 추이적이 아니다.

예제2.11 실수의 집합 $\mathbb{R}$ 에서의 **상등관계** 「=」는 분명히 $\mathbb{R}$ 에서의 하나의 동치관계이다. 즉, $\Re = \{(a,b) \in \mathbb{R} \times \mathbb{R} \mid a = b\}$ 는 동치관계이다.

예제2.12 색깔이 칠해진 공들의 집합 X 에 대하여 a 와 b 가 같은 색이면, 그리고 그 때에만 a 는 $\Re$ 에 의하여 b 에 관계될 때 $\Re$ 은 동치관계이다.

[참고] 동치관계는 특히 수학에 있어서 중요한 개념이다. 이를테면 수학의 여러 분야 중에서 대수학에서의 **인자군**(factor group), 위상수학에서의 **상공간**(quotient space), 수론에서의 **모듈수계**(modular number system)는 각각 어떤 일정한 종류의 동치관계를 수반하고 있다.

예제2.13 주어진 집합 X 가 공집합이 아닌 경우 X 에서의 동치관계는 적어도 두 가지 존재한다. 즉 Δ_X 와 $X \times X$ 이다.

정의2.5 앞에서의 관계 $\Delta_X = \{(x,x) \mid x \in X\}$ 를 **대각관계**(diagonal relation) Δ_X [또한 **항등관계**(identity relation)]라고도 부른다. 이는 집합 X 의 원소가 자기 자신과 관계됨을 뜻한다. 특히 집합 X 가 다음 〈그림 8〉과 같이 선분을 나타내면 $X \times X$ 는 하나의 정사각형(그 내부를 포함한다)을 이루며 Δ_X 는 이 정사각형의 **주대각선**(main diagonal)이 된다.

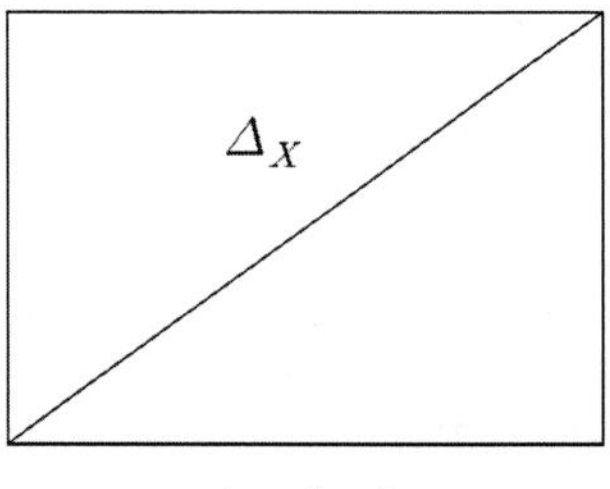

〈그림 8〉

[참고] 집합 X 위의 동치관계 $\Re = X\times X$ 과 Δ_X 에서 항등관계 Δ_X 는 $X\times X$ 의 부분집합으로서 X 위에서 정의될 수 있는 동치관계 중 가장 작은 것인데 반하여 $X\times X$ 는 가장 큰 동치관계이다.

예제2.14 수 m 이 임의의 정해진 양의 정수일 때 정수의 집합 $\mathbb{Z}$ 위의 **합동관계** (congruence relation) $\equiv \pmod{m}$을 다음과 같이 정의한다.

적당한 $k\in \mathbb{Z}$에 대하여

$$x-y=km \text{ 이면, 그리고 그 때에만 } x \equiv y \pmod{m}.$$

이 합동관계는 집합 $\mathbb{Z}$ 위의 동치관계임을 보여라.

(증명) (1) 각 $x\in \mathbb{Z}$에 대하여 $x-x=0\cdot m$ 이므로 $x \equiv x \pmod{m}$. 따라서 주어진 관계는 반사적이다.

(2) $x \equiv y \pmod{m}$ 이면 적당한 $k\in \mathbb{Z}$ 에 대하여 $x-y=km$ 이므로 $y-x=(-k)m$. $-k$ 또한 정수이므로 $y \equiv x \pmod{m}$. 그러므로 주어진 관계는 대칭적이다.

(3) $x \equiv y \pmod{m}$, $y \equiv z \pmod{m}$ 이면 적당한 $k_1,k_2\in \mathbb{Z}$ 에 대하여 $x-y=k_1m,\ y-z=k_2m$ 이다.

$$x-z=(x-y)+(y-z)=k_1m+k_2m=(k_1+k_2)m,$$

여기서 $k_1+k_2\in \mathbb{Z}$ 을 성립한다. 따라서 $x \equiv z \pmod{m}$. 그러므로 주어진 관계는 $\mathbb{Z}$ 위의 추이적이다.

이로서 우리는 $\equiv \pmod{m}$이 동치관계임을 알 수 있다. ◁

특별한 경우로서 $m=2$ 라고 놓으면 $x-y$가 짝수이면, 그리고 그 때에만 $x \equiv y \pmod{2}$. 결국 x와 y가 모두 짝수이거나 모두 홀수이면, 그리고 그 때에만 $x \equiv y \pmod{2}$ 임을 알 수 있다.

정리2.2 집합 A 에서 집합 B로의 관계 $\Re$ 에 대하여 다음이 성립한다.

(1) $Dom(\Re^{-1})=Im(\Re)$

(2) $Im(\Re^{-1}) = Dom(\Re)$

(3) $(\Re^{-1})^{-1} = \Re$

(증명) 여기서는 (2)를 증명하고 나머지는 연습문제로 둔다.

$$\begin{aligned} & a \in \mathrm{Dom}(\Re) \\ \Leftrightarrow\ & (\exists b \in B)\ (a,b) \in \Re && \langle\text{정의역의 정의}\rangle \\ \Leftrightarrow\ & (\exists b \in B)\ (b,a) \in \Re^{-1} && \langle\text{역관계의 정의}\rangle \\ \Leftrightarrow\ & a \in Im(\Re^{-1}) && \langle\text{상의 정의}\rangle\ \triangleleft \end{aligned}$$

정의2.6 〈**합성**(composition)〉

집합 X에서 Y로의 관계 $\Re$, Y에서 Z로의 관계 τ에 대하여 이 두 관계의 **합성**(composition) 즉 X에서 Z로의 관계를 다음과 같이 정의한다.

$$\tau \circ \Re = \{(x,z) \in X \times Z \mid (\exists y)\ [(x,y) \in \Re \wedge (y,z) \in \tau]\}$$

정리2.3 집합 X에서 Y로의 관계 $\Re$, Y에서 Z로의 관계 τ에 대하여 다음이 성립한다.

(1) $(\tau \circ \Re)^{-1} = \Re^{-1} \circ \tau^{-1}$

(2) 더욱 $\wp$가 Z에서 W로의 관계이면

$(\wp \circ \tau) \circ \Re = \wp \circ (\tau \circ \Re)$

(증명) 여기서는 (1)을 증명한다.

$$\begin{aligned} & (z,x) \in (\tau \circ \Re)^{-1} \\ \Leftrightarrow\ & (x,z) \in (\tau \circ \Re) \\ \Leftrightarrow\ & (\exists y)\ [(x,y) \in \Re \wedge (y,z) \in \tau] \\ \Leftrightarrow\ & (\exists y)\ [(y,x) \in \Re^{-1} \wedge (z,y) \in \tau^{-1}] \\ \Leftrightarrow\ & (\exists y)\ [(z,y) \in \tau^{-1} \wedge (y,x) \in \Re^{-1}] \\ \Leftrightarrow\ & (z,x) \in \Re^{-1} \circ \tau^{-1}.\ \triangleleft \end{aligned}$$

연습문제 3.2

1. $A=\{a,b,c\}$, $\Re=\{(a,b),(c,b),(a,b)\}$ 일 때 $\Re$의 정의역과 그 상을 구하여라.

2. 집합 A에서 집합 B로의 관계 $\Re$에 대하여 다음을 증명하여라.

   (1) $(\Re^{-1})^{-1}=\Re$

   (2) $Dom(\Re^{-1})=Im(\Re)$

3. $A=\{a,b,c\}$, $\Re=\{(a,a),(b,b),(c,c),(a,b),(b,a),(c,a),(a,c)\}$ 일 때 $\Re$은 반사적이고 대칭적이지만 추이적이 아님을 보여라.

4. 반사적이고 추이적이지만 대칭적인 아닌 관계의 보기 하나를 들어라.

5. 대칭적이고 추이적이지만 반사적이 아닌 관계의 보기 하나를 들어라.

6. 〈정리2.1〉 (3),(4)를 증명하여라.

7. 집합 $X=\mathbb{Z}\times(\mathbb{Z}-\{0\})$ 위의 관계를

   $$ad=bc \text{ 이면, 그리고 그 때에만 } (a,b)\sim(c,d)$$

   로 정의하면 $\sim$는 X 위의 동치관계임을 증명하여라.

§3.3 분할과 동치관계

정의3.1 〈**분할**(partition)〉

공집합이 아닌 집합 X에 대하여 $\wp$를 X의 **분할**(partition)이라 함은 다음을 만족하는 공집합이 아닌 X의 부분집합들의 한 집합을 뜻한다.

P1 : $\bigcup_{A \in \wp} A = X$

P2 : $A, B \in \wp$ 이고 $A \neq B$이면 $A \cap B = \varnothing$

[참고] 직관적으로 말하면 집합 X의 분할은 X를 (공집합이 아닌 서로 소인)부분집합으로 「겹치지 않게 쪼개 놓은 것들의 모임」을 뜻한다.

예제3.1 $X = \{a,b,c\}$, $\wp_1 = \{\{a\},\{b,c\}\}$ 이면 $\wp_1$은 X의 분할이다. 그러나 $\wp_2 = \{\{a,b\},\{b,c\}\}$ 는 분할이 아니다.

예제3.2 m이 임의의 정해진 양의 정수일 때, 각 정수 j ($0 \leq j < m$)에 대하여

$$\mathbb{Z}_j = \{x \in \mathbb{Z} \mid (\exists\ k \in \mathbb{Z}),\ \ x - j = km\}$$

라고 놓으면, 집합$\{\mathbb{Z}_0, \mathbb{Z}_1, \mathbb{Z}_2, \cdots, \mathbb{Z}_{m-1}\}$ 은 집합 $\mathbb{Z}$ 의 하나의 분할이다. 특히 $m = 2$인 경우 두 집합

$$\mathbb{Z}_0 = \{x \in \mathbb{Z} \mid x \text{ 는 짝수}\},$$

$$\mathbb{Z}_1 = \{x \in \mathbb{Z} \mid x-1\text{은 짝수}\} = \{x \in \mathbb{Z} \mid x\text{는 홀수}\}$$

의 집합$\{\mathbb{Z}_0, \mathbb{Z}_1\}$ 은 $\mathbb{Z}$ 의 분할을 이룬다.

공집합이 아닌 집합의 분할과 그 집합 위의 동치관계 사이에는 대단히 밀접한 관련이 있다. 그 관계를 이해하려면 우선 다음과 같은 정의를 내릴 필요가 있다.

정의3.2 〈**동치류**(equivalence class)〉

ξ를 공집합이 아닌 집합 X 위의 하나의 동치관계라고 할 때 각 $x \in X$에 대하여

$$x/\xi \text{ (혹은 } [x] \text{)} = \{y \in X \mid x\xi y\}$$

로 정의된 이 집합을 관계 ξ 에 의하여 결정된 x 의 **동치류**(equivalence class)라고 부른다. 그리고 이 같은 X 의 모든 동치류의 집합을 X/ξ 와 같이 나타낸다. 즉

$$X/\xi = \{x/\xi \mid x \in X\}$$

이 기호를「X 법 (modulo) ξ」 또는「X mod ξ」라고 읽는다.

정리3.1 공집합이 아닌 집합 X 위의 동치관계 ξ 에 대하여 다음이 성립한다.

(1) $\forall x \in X,\ x/\xi \neq \varnothing$

(2) $\forall x,y \in X,\ x\xi y \Leftrightarrow x/\xi \cap y/\xi \neq \varnothing$

(3) $\forall x,y \in X,\ x/\xi = y/\xi \Leftrightarrow x\xi y$

증명 (1) 동치관계 ξ 는 반사적이므로 각 $x \in X$ 에 대하여 $x\xi x$ 를 만족한다 그러므로 x/ξ의 정의에 의하여 $x \in x/\xi$.

따라서 $x/\xi \neq \varnothing$

(2) 먼저「$x\xi y \Leftarrow x/\xi \cap y/\xi \neq \varnothing$」를 증명하자.

ξ 는 공집합이 아닌 집합 X 위의 동치관계이므로

$$
\begin{aligned}
& x/\xi \cap y/\xi \neq \varnothing \\
\Rightarrow\ & \exists z\ (z \in x/\xi \wedge z \in y/\xi) \\
\Rightarrow\ & x\xi z \wedge y\xi z && \langle \text{동치류의 정의} \rangle \\
\Rightarrow\ & x\xi z \wedge z\xi y && \langle \xi \text{ 는 대칭적} \rangle \\
\Rightarrow\ & x\xi y && \langle \xi \text{ 는 추이적} \rangle
\end{aligned}
$$

그러므로 $x/\xi \cap y/\xi \neq \varnothing \Rightarrow x\xi y$

다음「$x\xi y \Rightarrow x/\xi \cap y/\xi \neq \varnothing$」를 증명하자.

$$
\begin{aligned}
x\xi y &\Rightarrow x \in x/\xi \wedge x \in y/\xi \\
&\Rightarrow x/\xi \cap y/\xi \neq \varnothing
\end{aligned}
$$

따라서 $x\xi y \Leftrightarrow x/\xi \cap y/\xi \neq \varnothing$

(3) 먼저「$x/\xi = y/\xi \Rightarrow x\xi y$」를 증명하자.

$x \in x/\xi$ 와 가정 $x/\xi = y/\xi$를 이용하면, $x \in y/\xi$ 를 만족한다. 그러므로 $x\xi y$.

다음에「$x\xi y \Rightarrow x/\xi = y/\xi$」을 증명해 보자.

$$\begin{aligned} z \in x/\xi \quad &\Leftrightarrow z\xi x && \langle\text{정의}\rangle \\ &\Leftrightarrow z\xi x \wedge x\xi y && \langle\text{가정}\rangle \\ &\Leftrightarrow z\xi y && \langle\xi \text{ 는 추이적}\rangle \\ &\Leftrightarrow z \in y/\xi && \langle\text{정의}\rangle \end{aligned}$$

여기서 z 는 집합 X 의 임의의 원소이므로 $x/\xi = y/\xi$. ◁

정리3.2 ξ 를 공집합이 아닌 집합 X 위의 동치관계라고 하면 X/ξ 는 X 의 하나의 분할이다.

증명 $X/\xi = \{x/\xi \mid x \in X\}$ 가 X 의 공집합이 아닌 부분집합의 족임은 자명하다. 다음에는

$$x/\xi \neq y/\xi \Rightarrow x/\xi \cap y/\xi = \varnothing$$

인 것을 밝히기 위하여 그 대우

$$x/\xi \cap y/\xi \neq \varnothing \Rightarrow x/\xi = y/\xi$$

가 참임을 보이면 된다. 이는 앞의 〈정리3.1 (2),(3)〉으로부터 직접 얻는 결과이다. 끝으로 $\bigcup_{x \in X} x/\xi = X$인 것을 밝혀야 한다. 임의의 $x \in X$ 에 대하여 $x \in x/\xi$ 이므로 $X \subset \bigcup_{x \in X} x/\xi$ 을 만족한다. 또한 일반적으로 $\bigcup_{x \in X} x/\xi \subset X$.

따라서 $\cup_{x \in X} x/\xi = X$. ◁

위 정리를 통하여 공집합이 아닌 집합 X 위의 각 동치관계에 의하여 X 의 분할이 생기는 것을 보아왔다. 다음에는 위 정리의 역이 참인 것도 보일 수 있다. 즉 집합 X 의 각 분할에 의하여 X 위의 동치관계가 생긴다.

$\wp$가 공집합이 아닌 집합 X 의 분할일 때 X 위의 하나의 관계 $X/\wp$ 를 다음과 같이 정의한다.

$$x\,(X/\wp)y \Leftrightarrow (\exists A \in \wp)\ x,y \in A\,.$$

즉,

$$X/\wp = \{(x,y) \in X \times X \mid (\exists A \in \wp)\ (x,y \in A)\}$$

우리는 다음 정리에서 $X/\wp$가 동치관계가 됨을 알 수 있다.

정리3.3 $\wp$가 집합 X의 분할이면 관계 $X/\wp$는 X 위의 하나의 동치관계이다. 또한 동치관계 $X/\wp$에 의하여 유도된 X의 동치류들은 바로 분할 $\wp$를 이룬다. 즉,

$$X/(X/\wp) = \wp$$

증명 집합 X의 각 원소 x는 적당한 $A \in \wp$에 속하므로 $(x,x) \in X/\wp$ 즉 $X/\wp$는 반사적이다. 또 정의에 의하여 $X/\wp$는 대칭적이다. 다음에는 $X/\wp$가 추이적임을 보이기 위하여 임의의 $x,y,z \in X$에 대하여 $(x,y) \in X/\wp$이고 $(y,z) \in X/\wp$라고 가정하면 적당한 $A,B \in \wp$에 대하여 $x,y \in A$이고 $y,z \in B$이다. 그러므로 $y \in A \cap B$. 따라서 $A \cap B \neq \varnothing$. 그러므로 분할의 정의에 의하여 $A = B$, 따라서 $(x,z) \in X/\wp$. 이상으로 $X/\wp$는 X 위의 동치관계이다. 이 정리의 나머지 부분을 증명하고자 집합 X의 임의의 원소를 x라면 집합 $A \in \wp$가 유일하게 존재하여 $x \in A$임을 알 수 있다. 그러므로 $x/(X/\wp) = A$.

이것으로 법 $X/\wp$인 각 동치류는 바로 족 $\wp$의 하나의 집합이란 것 즉, $X/(X/\wp) \subset \wp$이 증명되었다.

역으로 분할 $\wp$의 임의의 집합을 A라고 하면 $A \neq \varnothing$이므로 집합 X의 원소로서 A에 속하는 x가 존재한다. 그러므로 지금까지의 논증에 의하여 $x/(X/\wp) = A$. 즉, $X/(X/\wp) \supset \wp$.

따라서 $X/(X/\wp) = \wp$. ◁

정리3.4 공집합이 아닌 집합 X 위의 임의의 동치관계 ξ는 하나의 분할 X/ξ을 만들고, 또한 이 분할 X/ξ는 동치관계 $X/(X/\xi)$을 만든다. 이 경우 $X/(X/\xi) = \xi$ 이다.

증명 여기서는 $X/(X/\xi) = \xi$을 증명하면 충분하다.

$\forall (x,y) \in X \times X,\ (x,y) \in X/(X/\xi)$

$$\begin{aligned} &\Leftrightarrow (\exists z \in X)\ \ x,y \in z/\xi && \langle 정의 \rangle \\ &\Leftrightarrow x\xi z \ \wedge\ z\xi y && \\ &\Leftrightarrow x\xi y && \langle 추이적 \rangle \end{aligned}$$

$$\Leftrightarrow (x,y) \in \xi$$

그러므로 $X/(X/\xi) = \xi$. ◁

이러한 사실과 더불어 등식 $X/(X/\xi) = \xi$ 는 동치관계와 분할 사이의 밀접한 연결을 말해 주고 있다. 즉, 동치관계들과 분할들 사이에는 일대일 대응 관계가 있음을 알 수 있다.

예제3.3 $X = \{a,b,c,d,e\}$, $\wp = \{\{a,b\},\{c\},\{d,e\}\}$ 라 두면 관계 $X/\wp$ 는

$$\{(a,a),(b,b),(a,b),(b,a),(c,c),(d,d),(d,e),(e,d),(e,e)\}$$

이다. 또한 동치류들을 보면,

$$a/(X/\wp) = \{a,b\},$$
$$c/(X/\wp) = \{c\},$$
$$d/(X/\wp) = \{d,e\}$$

이다. 따라서$X/(X/\wp) = \wp$이 된다.

예제3.4 지금 짝수, 홀수의 집합을 각각 $\mathbb{Z}_0$, $\mathbb{Z}_1$ 이라고 하면 $\wp=\{\mathbb{Z}_0, \mathbb{Z}_1\}$는 정수의 집합 $\mathbb{Z}$의 분할을 이룬다. 이 경우 관계 $\mathbb{Z}/\wp$의 정의에 의하여 $a,b \in \mathbb{Z}_0$ 또는 $a,b \in \mathbb{Z}_1$ 이면, 그리고 그 때에만 $a(\mathbb{Z}/\wp)b$ 이다. 즉 a,b가 모두 짝수 또는 홀수이면, 그리고 그 때에만 $a(\mathbb{Z}/\wp)b$ 이다. 이 관계 $\mathbb{Z}/\wp$가 사실 $\mathbb{Z}$ 위의 동치관계임을 쉽게 밝힐 수 있다.

실은 $a \equiv b \pmod 2$ 이면, 그리고 그 때에만 $a(\mathbb{Z}/\wp)b$ 임으로 관계 $\mathbb{Z}/\wp$ 는 실제로 $\mathbb{Z}$ 위의 합동관계 $\equiv \pmod 2$ 이다. 역으로 주어진 집합 $\mathbb{Z}$ 위의 동치관계 ξ 에 대하여 $x \equiv y \pmod 2$ 이면, 그리고 그 때에만 $x\xi y$ 라고 하면

$$a/\xi = \{x \in \mathbb{Z} \mid x \equiv a \pmod 2\}$$
$$= \begin{cases} \mathbb{Z}_0, & a\text{가 짝수인 경우} \\ \mathbb{Z}_1, & a\text{가 홀수인 경우} \end{cases}$$

그러므로 $\mathbb{Z}/\xi = \{\mathbb{Z}_0, \mathbb{Z}_1\}$. 이것은 분명히 $\mathbb{Z}$ 의 하나의 분할이다.

연습문제 3.3

1. $\wp$가 공집합이 아닌 집합 X의 분할인 경우 동치관계 $X/\wp$에 대하여 $X/\wp = \bigcup_{A \in \wp} A \times A$ 임을 증명하여라.

2. 문제 1에서 X가 유한집합이고 $\wp = \{A_1, A_2, ..., A_k\}$ 이라고 할 때 $j = 1, 2, ..., k$ 에 대하여 A_j 는 n_j 개의 원소를 지닌다고 한다. 이 경우 동치관계 $X/\wp$에는 꼭 $n_1^2 + n_2^2 + ... + n_k^2$ 개의 순서쌍이 있음을 증명하여라.

3. $X = \{a, b, c, d, e\}$, $\wp = \{\{a, b\}, \{c\}, \{d, e\}\}$에 대하여 다음 물음에 답하여라.
   (1) $\wp$ 는 집합 X의 분할임을 보여라.
   (2) 집합 X 위의 동치관계 $X/\wp$ 를 나타내는 순서쌍의 집합을 원소나열법으로 구하여라.
   (3) $\xi = X/\wp$ 로 놓고 a/ξ, b/ξ, c/ξ, e/ξ 를 차례로 구하여라.

4. X를 정수의 집합 $\mathbb{Z}$ 라하고 X 위의 관계 ξ를 다음과 같이 정의한다. 적당한 정수 k 에 대하여 $x - y = 5k$ 이면, 그리고 그때에만 $x \ \xi \ y$이다.
   (1) 관계 ξ는 X 위의 동치관계임을 증명하여라.
   (2) 집합 X의 분할 X/ξ 를 구하여라.
   (3) 동치관계 $X/(X/\xi)$ 는 다름 아닌 동치관계 ξ 와 같다. 이것을 확인하여라.

5. 공집합이 아닌 집합 X 위의 동치관계 ξ 에 대하여 $X/(X/\xi) = \xi$ 임을 증명하여라.

§3.4 함수

함수의 개념은 수학의 각 분야에 있어서 가장 중요하고 기초적인 내용 중의 하나이다. 우리들은 이제까지 다음과 같은 정의를 배워왔다. 「함수란 한 집합(함수의 **정의역** (domain)이라고 불림)의 각 원소에 또 하나의 집합의 원소가 하나씩 대응하는 **규칙**을 말한다.」 그러나 이 정의는 수학적 분명한 뜻을 주지 못한다. 여기서 **규칙**의 뜻은 정확히 알 수 없다. 따라서 수학자들은 이러한 애매 모호한 것을 피하기 위하여 집합의 언어를 써서 함수의 정의를 정확히 내리도록 힘써 왔다.

정의4.1 〈**함수**(function)〉

집합 X, Y에 대하여 X에서 Y로의 **함수**(function) f란 다음을 만족시키는 X에서 Y로의 관계이다. 즉, $f \subset X \times Y$로써 아래의 두가지 조건을 만족시킨다

(1) $Dom(f) = X$

(2) $(x,y) \in f \ \wedge \ (x,z) \in f \ \Rightarrow \ y = z$

위 정의를 우리는 보통 함수의 조건이라고 부르고, $f : X \rightarrow Y$ 라 쓰기도 한다.
함수를 나타내는 기호로서 $(x,y) \in f$ 대신으로 $y = f(x)$와 같이 쓴다. $(x,y) \in f$ 를 $y = f(x)$ 로 바꿔 쓰기로 한 이유는 각 원소 $x \in X$에 대하여 일의적으로 정해진 $y \in Y$가 존재하기 때문이다. 이 주장이 타당한 것을 알아보기 위하여, $x \in X$라고 놓으면 $Dom(f) = X$이므로 하나의 원소 $y \in Y$가 존재하여 $(x,y) \in f$. 그런데 만약 또 하나의 원소 $z \in Y$가 존재하여 $(x,z) \in f$ 라면 함수의 조건 (2)에 의하여 $y = z$. 그러므로 y는 $x \in X$에 의하여 일의적으로 정해짐을 알 수 있다.

위의 함수의 조건을 다음과 같이 나타낼 수 있다

(a) $\forall x \in X, \ (\exists y \in Y) \ f(x) = y$

(b) $[f(x) = y \ \wedge \ f(x) = z] \Rightarrow y = z$

이 두 조건을 하나로 표현하면,

$$\forall x \in X, \ (\exists_1 y \in Y) \ f(x) = y$$

여기서 새로운 기호 $\exists_1$ 는 「유일하게 존재한다」는 존재기호의 한정적 표현이다.

정의4.2 함수 $f : X \to Y$ 에 대하여 집합 X 를 f 의 **정의역**(domain), 집합 Y 를 f 의 **공역**(codomain)(또는 **공변역**)이라고 한다. $f(x) = y$ 일 때, y 를 f 에 의한 x 의 **상**(image), x 를 f 에 의한 y 의 **원상**(preimage)이라고 한다. 이것을 〈그림 9〉와 〈그림 10〉과 같이 나타낼 수 있다.

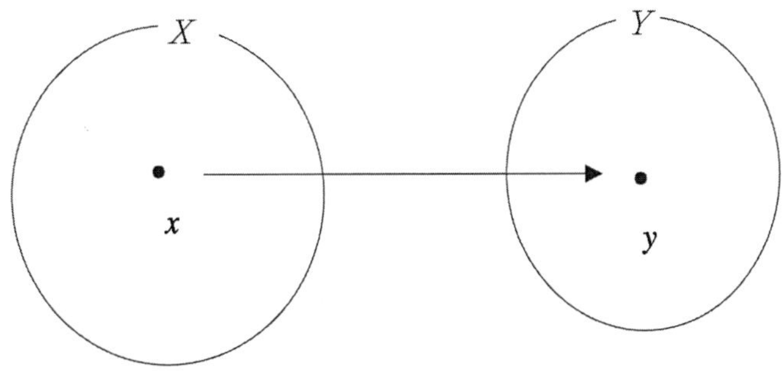

〈그림 9〉 y는 x의 상이다

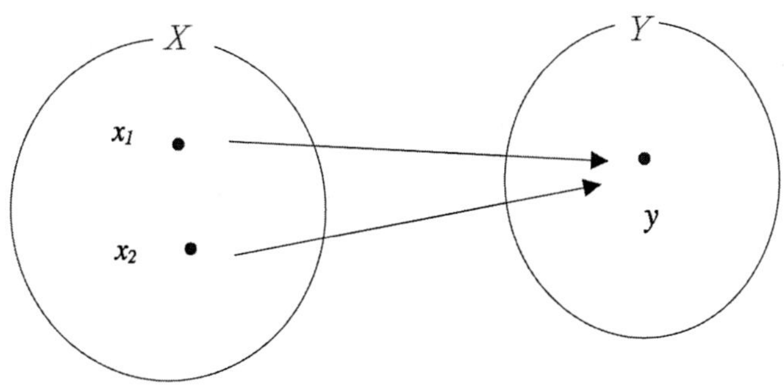

〈그림 10〉 x_1과 x_2 는 y의 원상이다

[참고] 함수 $f : X \to Y$ 의 공역 Y는 함수의 상($\mathrm{Im}(f)$ 또는 $f(X)$)와 같지 않을 수도 있음을 알아야 한다. 일반적으로 함수의 치역은 그 공역의 부분집합이다.

예제4.1 모든 $x \in \mathbb{R}$ 에 대하여 $[x]$는 x 보다 크지 않은 가장 큰 정수를 나타내는 기호이다. 이를테면

$$[\sqrt{2}]=1,\ [-1/2]=-1,\ [-5]=-5$$

지금 $f(x)=[x]$ 로 정의된 함수 $f:\mathbb{R}\to\mathbb{R}$ 의 공역은 실수의 집합 $\mathbb{R}$ 이지만 그 치역은 $\mathbb{R}$ 의 진부분집합인 정수의 집합 $\mathbb{Z}$ 이다. 즉 $f(\mathbb{R})=\mathbb{Z}\subsetneq\mathbb{R}$.

[참고] 우리는 주어진 함수의 별다른 변경 없이 그 공역을 바꿀 수 있다. 이를테면 위의 〈예제4.1〉에서와 같은 관계 f 에 대하여 $f:\mathbb{R}\to\mathbb{Q}$, $f:\mathbb{R}\to\mathbb{Z}$ 는 각각 함수의 조건을 만족시키므로 함수이다.

따라서 우리는 일반적으로 다음 정리를 얻는다.

정리4.1 함수 $f\ :X\to Y$에 대하여 W가 f의 치역을 포함하는 집합(즉, $f(X)\subset W$)이면 X, W 를 각각 정의역과 공역으로 하는 함수 $f:X\to W$ 가 존재한다.

(증명) 우선 f 는 X 에서 W 로의 관계임을 다음과 같이 증명한다.

$\forall (x,y)\in X\times Y,\quad (x,y)\in f$

$\Rightarrow x\in Dom(f)\wedge y\in Im(f)$ 〈정의〉

$\Rightarrow x\in X\wedge y\in Im(f)$ 〈함수의 조건(1)〉

$\Rightarrow x\in X\wedge y\in W$ 〈$Im(f)\subset W$〉

$\Rightarrow (x,y)\in X\times W$ 〈곱집합의 정의〉

따라서 $f\subset X\times W$. 즉, f 는 X 에서 W 로의 한 관계이다.

다음으로 가정에서 $f\ :X\to Y$는 함수이므로 $Dom(f)=X$. 한편 함수 f가 함수의 조건 (2)를 만족시키는 것은 자명하다. 그러므로 $f:X\to W$ 는 함수이다. ◁

정리4.2 **〈함수의 상등〉**

두 함수 $f:X\to Y$, $g:X\to Y$가 주어졌을 때 다음이 성립한다.

$$f=g \Leftrightarrow (\forall x\in X)\ f(x)=g(x)$$

(증명) 먼저 「$f=g\Rightarrow(\forall x\in X)\ f(x)=g(x)$」의 증명을 해 보자.

$f=g$ 이라면 임의의 $x\in X$에 대하여

$y=f(x)\ \Leftrightarrow\ (x,y)\in f$ 〈기호〉

$$\Leftrightarrow\ (x,y)\in g \qquad \langle f=g\rangle$$

$$\Leftrightarrow\ y=g(x) \qquad \langle 기호\rangle$$

그러므로 $y=f(x) \Leftrightarrow y=g(x)$. 따라서 $f(x)=g(x)$.

다음으로 「$f = g \Leftarrow (\forall x\in X) f(x)=g(x)$」의 증명을 해 보자.

임의의 $x\in X$ 에 대하여 $f(x)=g(x)$ 이라면

$$(x,y)\in f \ \Leftrightarrow\ y=f(x) \qquad \langle 기호\rangle$$

$$\Leftrightarrow\ y=g(x) \qquad \langle f(x)=g(x)\rangle$$

$$\Leftrightarrow\ (x,y)\in g \qquad \langle 기호\rangle$$

그러므로 $(x,y)\in f \Leftrightarrow (x,y)\in g$. 따라서 $f = g$. ◁

함수의 정의역과 공역이 실수들의 집합$\mathbb{R}$ 의 부분집합이면 그 함수의 그래프의 개형을 카테시안 평면에 그릴 수 있다.

이를테면 함수$f : \mathbb{R} \to \mathbb{R}$, $f(x)=[x]$ 의 그래프는 다음과 같다.

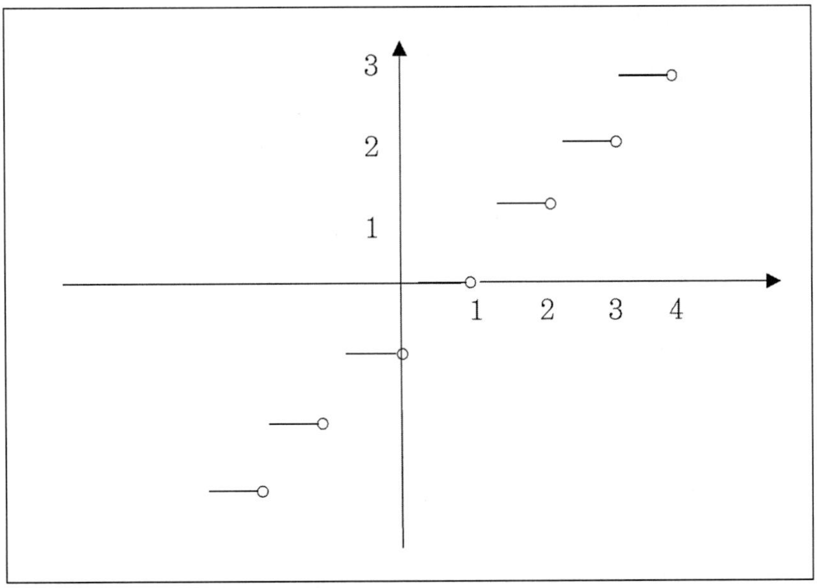

〈그림 11〉

예제4.2 A 가 공집합이 아닌 집합 X 의 부분집합일 때 관계 $f = \{(x,y) \mid x \in A$ 이면 $y=1,\ x \notin A$ 이면 $y=0\}$ 에 의하여 X 에서 $\{0,1\}$ 로의 하나의 함수를 정의할 수 있다. 이 함수를 X 에서의 A 의 **특성함수**(characteristic function)라하고 이것을 그리이스 문자 카이 χ(chi)에 첨자 A 를 적어 χ_A 로 나타낸다. 즉 함수 $\chi_A : X \to \{0,1\}$를 다음과 같이 정의한다.

$$\chi_A(x) = \begin{cases} 1, & x \in A \text{ 인 경우} \\ 0, & x \notin A \text{ 인 경우} \end{cases}$$

> **[참고]** 함수는 정의에 의하여 $f : X \to Y$와 같이 나타내지만 문맥상 정의역과 공역이 분명할 때 흔히 그것들을 일일이 열거하기란 번거롭다. 그러므로 함수의 정의역과 공역을 분명히 알고 있을 때에는 이 함수 $f : X \to Y$를 간단히 f 로 나타내기도 한다.

예제4.3 앞에서 정의된 집합 X 위의 대각관계 Δ_X 는 X 에서 그 자신 X 로의 함수이다. 이 대각관계 Δ_X 가 함수인 것을 강조하기 위하여 기호 $I_X : X \to X$ 로 나타낸다. 이를 기호로 나타내면

$$I_X : X \to X,\ \ I_X(x) = x \quad \forall x \in X$$

이 함수 I_X 를 집합 X 위의 **항등함수**(identity function)라고 한다.

예제4.4 X, Y 가 각각 공집합이 아닌 집합일 때 Y 의 일정한 원소 b 에 대한 순서쌍의 집합

$$C_b = \{(x,b) \mid x \in X\}$$

는 집합 X 에서 집합 Y 로의 하나의 관계이다. 이 관계에 따라 임의의 $x \in X$ 에 대하여, $C_b(x) = b$ 로 정의되는 함수 $C_b : X \to Y$ 가 생긴다. 즉,

$$C_b : X \to Y,\ \ C_b(x) = b \quad \forall x \in X$$

이 함수 C_b 를 **상수함수**(constant function)라고 한다.

예제4.5 두 집합 X, Y 에 대하여 $X \subset Y$ 일때, 다음과 같이 정의된 관계 $i = \{(x, x) \mid x \in X\}$ 는 X 에서 Y 로의 함수이다.

이 함수를 **포함함수**(inclusion function)라하고 이것을 $i : X \hookrightarrow Y$ 로 나타내기도 한다. 즉

$$i : X \to Y, \qquad i(x) = x \quad {}^\forall x \in X$$

우리는 둘 또는 그 이상의 대응규칙에 의하여 정의된 함수를 보아 왔다. 이를테면

$$h(x) = \begin{cases} 1-2x, x \le 0 \\ x^2+1, x \ge 0 \end{cases}$$

로 정의된 함수 $h : \mathbb{R} \to \mathbb{R}$ 을 다음 두 함수 f, g 의 합집합(이것을 간단히 합이라고 부른다)으로 볼 수 있다.

(1) $f : (-\infty, 0] \to \mathbb{R}$, $f(x) = 1-2x \quad {}^\forall x \in (-\infty, 0]$

(2) $g : [0, \infty) \to \mathbb{R}$, $g(x) = x^2+1 \quad {}^\forall x \in [0, \infty)$

우리들은 여기서

$$Dom(f) \cap Dom(g) = \{0\}, \ f(0) = g(0) = 1$$

인 것에 주의하기 바란다.

정리4.3 두 함수 $f : A \to C$, $g : B \to D$ 가 주어지고 $A \cap B$ 의 임의의 원소 x 에 대하여 $f(x) = g(x)$ 일 때 f 와 g 의 합은 다음과 같이 정의된 함수 h 와 같다. 즉, $h = f \cup g$. 여기서

$$h : A \cup B \to C \cup D, \ h(x) = \begin{cases} f(x), & x \in A \text{ 일때} \\ g(x), & x \in B \text{ 일때} \end{cases}$$

(증명) 먼저 함수 $h : A \cup B \to C \cup D$ 가 함수임을 증명하자.

$h \subset (A \cup B) \times (C \cup D)$인 것은 자명하다.

그러므로 h 는 $A \cup B$ 에서 $C \cup D$ 로의 하나의 관계이다.

다음에는 $Dom(h) = A \cup B$ 를 증명하자. 여기서 우리는 한쪽 방향인 $Dom(h) \supset A \cup B$ 만 증명하면 충분하다.

임의의 원소 $x \in A \cup B$에 대하여 $x \in A \vee x \in B$. f 와 g 가 함수이므로 $Dom(f) = A$, $Dom(g) = B$. 따라서

$$x \in Dom(f) \vee x \in Dom(g)$$

$Dom(f)$와 $Dom(g)$의 정의에 의하여

$$[\exists z \in C \quad f(x)=z] \vee [\exists z' \in D \quad g(x)=z']$$

한편 $x \in A$ 이면 $h(x)=f(x)$ 이고, $x \in B$ 이면 $h(x)=g(x)$ 이다. 따라서

$$[z \in C \cup D \wedge h(x)=z] \vee [z' \in C \cup D \wedge h(x)=z']$$

$$\Rightarrow x \in Dom(h) \vee x \in Dom(h)$$

$$\Rightarrow x \in Dom(h)$$

그러므로 $Dom(h) \supset A \cup B$ 이 증명되었다.

이상으로 관계 h 는 함수의 조건 (1)을 만족시킴을 알 수 있다.

한편 각 원소 $x \in A \cup B$ 에 대하여 다음 세 경우를 생각할 수 있다.

$$(\text{i})\, x \in A-B, \quad (\text{ii})\, x \in B-A, \quad (\text{iii})\, x \in A \cap B$$

여기서 $f: A \to C$ 와 $g: B \to D$ 는 모두 함수의 조건 (2)를 만족시키며 임의의 $x \in A \cap B$ 에 대하여 $h(x)$ 는 일의적으로 정의된다. 따라서 관계 h 도 또한 함수의 조건 (2)를 만족시키므로 h 는 함수 $h: A \cup B \to C \cup D$ 이다. 마지막으로 $h=f \cup g$ 을 증명하자. 한편, 함수 h 의 정의에 의하여

$$x \in A \cup B,\ (x,y) \in h$$

$$\Leftrightarrow (x \in A \wedge f(x)=y) \vee (x \in B \wedge g(x)=y)$$

$$\Leftrightarrow (x,y) \in f \vee (x,y) \in g$$

$$\Leftrightarrow (x,y) \in f \cup g$$

따라서 $h=f \cup g$. ◁

연습문제 3.4

1. 다음 각 그림은 $X=\{x,y,z\}$ 에서 $Y=\{u,v,w\}$ 로의 함수를 정의하는지의 여부를 조사하여라.

(1)

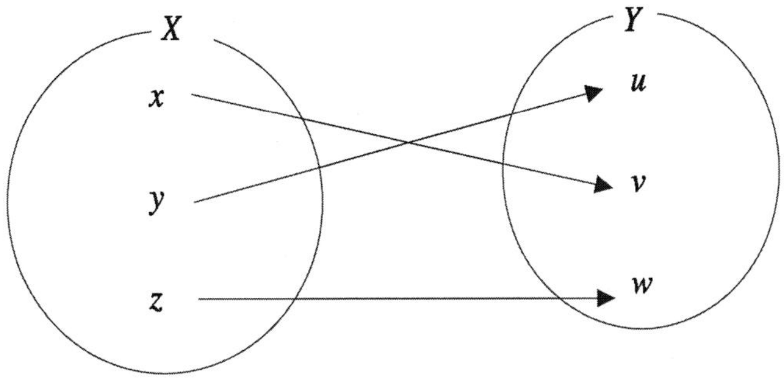

(2)

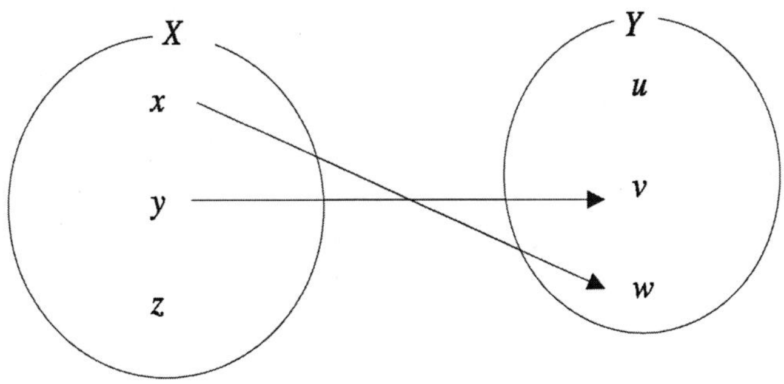

(3)

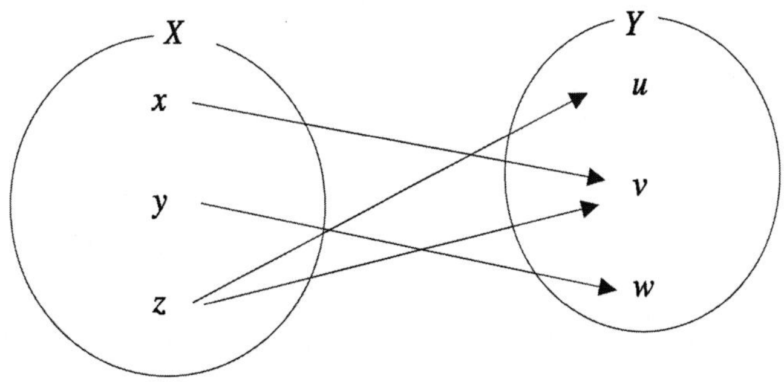

2. 다음과 같이 정의된 함수 $f:\mathbb{R}\to\mathbb{R}$ 가 있다.

$$f(x)=\begin{cases} 5, & x\text{가 유리수일 때} \\ -3, & x\text{가 무리수일 때} \end{cases}$$

이 경우 $f(1/3)$, $f(7)$, $f(1.323232\cdots)$ 를 차례로 구하여라.

3. 다음과 같이 정의된 함수$f:\mathbb{R}\to\mathbb{R}$ 에 대하여 $f(-7)$, $f(3)$, $f(6)$을 차례로 구하여라.

$$f(x)=\begin{cases} 4x+3, & x>5 \\ x^2-2, & -6\le x\le 5 \\ 4-5x, & -6>x \end{cases}$$

4. 다음 그림으로 정의된 함수 $f:X\to\ Y$ 의 치역을 말하여라.

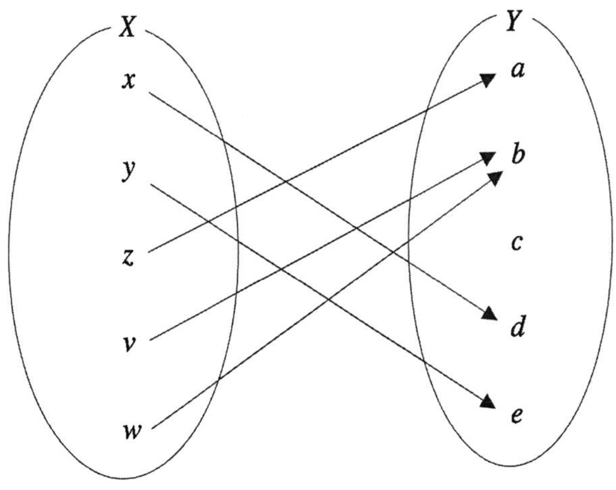

5. 집합 $X=\{2,-1,0,1,2\}$ 의 임의의 원소 x에 대하여 $f(x)=x^2-3$ 으로 정의된 함수$f:X\to\mathbb{R}$ 의 치역을 구하여라.

6. 다음 각 식에 의하여 정의된 $\mathbb{R}$ 에서 $\mathbb{R}$ 로의 함수의 치역을 구하여라.

(1) $f(x)=2x^2+5$

(2) $g(x)=\cos x$

(3) $h(x)=x^3-1$

7. 두 집합 X, Y 에 대하여, $X \subset Y$, $i = \{(x,\ x) \mid x \in X\}$일 때 i 는 X 에서 Y 로의 함수임을 증명하여라.

8. $X = \{x, y, z\}$, $Y = \{1,2,3\}$ 에 대하여 다음 중 X 에서 Y 로의 함수를 이루는 것을 지적하고 그렇지 않는 것에 대해서는 이유를 말하여라.
   (1) $f = \{(x,1),\ (y,2),\ (z,3)\}$
   (2) $g = \{(x,2),\ (y,3),\ (z,2)\}$
   (3) $h = \{(x,2),\ (y,1)\}$
   (4) $i = \{(x,1),\ (x,2),\ (y,1),\ (z,3)\}$

9. $X = \{x, y, z\}$, $Y = \{1,2\}$ 에 대하여 X 에서 Y 로의 함수는 몇개 있는가?
   일반적으로 집합 X, Y 의 원소가 각각 m, n이면 X 에서 Y 로의 함수는 몇 개 있는가?

10. 〈문제 9〉의 함수 중 상수함수는 몇 개 있는가?

11. 함수 $f : X \rightarrow Y$ 에 대하여 f 의 공집합이 아닌 각 부분집합 g 에 따라 함수가 생긴다. 이것을 증명하여라.

12. X 에서 X 로의 함수 $f : X \rightarrow X$ 가 또한 X 위의 반사적 관계이면 f 는 항등함수 $I_X : X \rightarrow X$이다. 이것을 증명 하여라.

13. X 가 단위구간 $[0,1]$ 일 때 함수 $f : X \rightarrow X$ 는 X 위의 대칭적 관계라고 한다. 이 같은 f 를 구하여라.

14. 정의역과 공역이 각각 같은 두 함수 $f : X \rightarrow Y$, $g : X \rightarrow Y$가 있다. 이 경우 $f \subset g$ 이면 $f = g$임을 증명하여라.

§3.5 상과 역상

우리는 함수 $f: X \to Y$에 대하여 x, y가 각각 집합 X, Y의 원소로서 $y = f(x)$일 때 y는 f에 의한 x의 상이고 x는 f에 의한 y의 원상이라는 것을 배웠다.

이 개념을 다음과 같이 원소로부터 부분집합으로 자연스럽게 확장할 수 있다.

정의5.1 〈**상**(image), **역상**(inverse image)〉

함수 $f: X \to Y$에 대하여 A, B가 각각 X, Y의 부분집합 일 때

(1) 모든 $x \in A$의 상 $f(x)$의 집합을 f에 의한 A의 **상**(image)이라 하고 이것을 $f(A)$로 나타낸다.

(2) 모든 $y \in B$의 원상의 집합을 f에 의한 B의 **역상**(inverse image)이라 하고 이것을 $f^{-1}(B)$로 나타낸다.

두 집합 $f(A)$, $f^{-1}(B)$을 각각 조건제시법으로 나타내면 다음과 같다.

$$f(A) = \{f(x) \in Y \mid x \in A\},$$
$$f^{-1}(B) = \{x \in X \mid f(x) \in B\}$$

따라서

$$y \in f(A) \Leftrightarrow (\exists x \in A)\ f(x) = y$$
$$x \in f^{-1}(B) \Leftrightarrow f(x) \in B$$

정리5.1 함수$f: X \to Y$에 대하여 다음이 성립한다.

(1) $f(\varnothing) = \varnothing$

(2) $\forall x \in X,\ f(\{x\}) = \{f(x)\}$

(3) $\forall A, B \subset X,\quad A \subset B \Rightarrow f(A) \subset f(B)$

(4) $\forall C, D \subset Y,\quad C \subset D \Rightarrow f^{-1}(C) \subset f^{-1}(D)$

(증명) 여기서는 (3)을 증명하고 (1), (2), (4)의 증명은 연습문제로 둔다.

$$\begin{aligned} y \in f(A) &\Rightarrow (\exists x \in A)\ f(x) = y && \langle f(A) \text{의 정의}\rangle \\ &\Rightarrow x \in B \wedge f(x) = y && \langle A \subset B \rangle \\ &\Rightarrow y \in f(B) && \langle f(B) \text{의 정의}\rangle \ \triangleleft \end{aligned}$$

정리5.2 함수 $f : X \to Y$ 와 X의 부분집합 A, B에 대하여 다음이 성립한다.

(1) $f(A \cup B) = f(A) \cup f(B)$ (2) $f(A \cap B) \subset f(A) \cap f(B)$

(증명) (1)

$$
\begin{aligned}
y \in f(A \cup B) &\Leftrightarrow (\exists x \in A \cup B)\ y = f(x) \\
&\Leftrightarrow [x \in A \ \vee \ x \in B] \ \wedge \ y = f(x) \\
&\Leftrightarrow [x \in A \ \wedge \ y = f(x)] \ \vee \ [x \in B \ \wedge \ y = f(x)] \\
&\Leftrightarrow y \in f(A) \ \vee \ y \in f(B) \\
&\Leftrightarrow y \in f(A) \cup f(B)
\end{aligned}
$$

따라서 $f(A \cup B) = f(A) \cup f(B)$.

(2) $A \cap B \subset A$ 이고 $A \cap B \subset B$ 이므로 〈정리5.1 (3)〉에 의하여 $f(A \cap B) \subset f(A)$ 이고 $f(A \cap B) \subset f(B)$. 따라서 $f(A \cap B) \subset f(A) \cap f(B)$. ◁

이를 일반화하면 다음 정리를 얻는다.

정리5.3 함수 $f : X \to Y$ 와 X의 부분집합족 $\{ A_\gamma | \gamma \in \Gamma \}$ 에 대하여 다음이 성립한다.

(1) $f\left(\bigcup_{\gamma \in \Gamma} A_\gamma\right) = \bigcup_{\gamma \in \Gamma} f(A_\gamma)$ (2) $f\left(\bigcup_{\gamma \in \Gamma} A_\gamma\right) \subset \bigcup_{\gamma \in \Gamma} f(A_\gamma)$

(증명) (1) 상(Image)의 정의와 $\cup$의 정의를 반복 사용함으로써

$$
\begin{aligned}
&\forall y \in Y,\ y \in f\left(\bigcup_{\gamma \in \Gamma} A_\gamma\right) \\
&\Leftrightarrow (\exists x \in \bigcup_{\gamma \in \Gamma} A_\gamma) \ \wedge \ y = f(x) \\
&\Leftrightarrow [(\exists \gamma \in \Gamma)\ x \in A_\gamma] \ \wedge \ y = f(x) \\
&\Leftrightarrow (\exists \gamma \in \Gamma)\ [x \in A_\gamma \ \wedge \ y = f(x)] \\
&\Leftrightarrow (\exists \gamma \in \Gamma)\ y \in f(A_\gamma) \\
&\Leftrightarrow y \in \bigcup_{\gamma \in \Gamma} f(A_\gamma)
\end{aligned}
$$

따라서 $f\left(\bigcup_{\gamma\in\Gamma} A_\gamma\right)=\bigcup_{\gamma\in\Gamma} f(A_\gamma)$.

(2) 각 $\gamma\in\Gamma$ 에 대하여 $\bigcap_{\gamma\in\Gamma} A_\gamma \subset A_\gamma$ 이므로

$$f\left(\bigcap_{\gamma\in\Gamma} A_\gamma\right)\subset f(A_\gamma)$$

따라서 $f\left(\bigcap_{\gamma\in\Gamma} A_\gamma\right)\subset \bigcap_{\gamma\in\Gamma} f(A_\gamma)$. ◁

[참고] 다음 예에서 볼 수 있듯이 위의 정리 (2)에서의 포함기호 ⊂를 등호=로 바꿀 수 없다.

예제5.1 $X=\{a,b\}$, $Y=\{c\}$, $\Gamma=\{1,2\}$, $A_1=\{a\}$, $A_2=\{b\}$ 라 두면 상수함수 $f:X\to Y$, $f(a)=f(b)=c$ 에 대하여

$$f(A_1\cap A_2)=f(\varnothing)=\varnothing$$

그러므로 $f(A_1\cap A_2)=\varnothing$.

한편 $f(A_1)\cap f(A_2)=\{c\}\cap\{c\}=\{c\}$. 즉 $f(A_1)\cap f(A_2)=\{c\}$

따라서 $f(A_1\cap A_2)\neq f(A_1)\cap f(A_2)$.

이로써 $f\left(\bigcap_{\gamma\in\Gamma} A_\gamma\right)=\bigcap_{\gamma\in\Gamma} f(A_\gamma)$ 는 반드시 참은 아님을 알 수 있다.

정리5.4 함수 $f:X\to Y$ 와 집합 Y 의 부분집합 C,D 에 대하여 다음이 성립한다.

(1) $f^{-1}(C\cup D)=f^{-1}(C)\cup f^{-1}(D)$

(2) $f^{-1}(C\cap D)=f^{-1}(C)\cap f^{-1}(D)$

(증명) (1) 역상(Inverse Image)의 정의와 ∪의 정의를 활용함으로써 다음을 얻는다.

(1) $\forall x\in X,\ x\in f^{-1}(C\cup D)$

$\Leftrightarrow f(x)\in C\cup D$

$\Leftrightarrow f(x)\in C \vee f(x)\in D$

$\Leftrightarrow x\in f^{-1}(C) \vee x\in f^{-1}(D)$

$\Leftrightarrow x\in f^{-1}(C)\cup f^{-1}(D)$

따라서 $f^{-1}(C \cup D) = f^{-1}(C) \cup f^{-1}D)$.

(2) $\forall x \in X,\ x \in f^{-1}(C \cap D)$

$\Leftrightarrow f(x) \in C \cap D$

$\Leftrightarrow f(x) \in C \ \wedge \ f(x) \in D$

$\Leftrightarrow x \in f^{-1}(C) \ \wedge \ x \in f^{-1}(D)$

$\Leftrightarrow x \in f^{-1}(C) \cap f^{-1}(D)$

따라서 $f^{-1}(C \cap D) = f^{-1}(C) \cap f^{-1}(D)$. ◁

정리5.5 함수$f: X \rightarrow Y$와 집합Y의 부분집합족 $\{B_{\gamma \in \Gamma} \mid \gamma \in \Gamma\}$에 대하여 다음이 성립한다.

(1) $f^{-1}\left(\bigcup_{\gamma \in \Gamma} B_\gamma\right) = \bigcup_{\gamma \in \Gamma} f^{-1}(B_\gamma)$ (2) $f^{-1}\left(\bigcap_{\gamma \in \Gamma} B_\gamma\right) = \bigcap_{\gamma \in \Gamma} f^{-1}(B_\gamma)$

증명 (1) 역상(Inverse Image)의 정의와 ∪의 정의를 반복 활용함으로써

$\forall x \in X,\ x \in f^{-1}\left(\bigcup_{\gamma \in \Gamma} B_\gamma\right)$

$\Leftrightarrow f(x) \in \bigcup_{\gamma \in \Gamma} B_\gamma$

$\Leftrightarrow (\exists \gamma \in \Gamma)\ \ f(x) \in B_\gamma$

$\Leftrightarrow (\exists \gamma \in \Gamma)\ \ x \in f^{-1}(B_\gamma)$

$\Leftrightarrow x \in \bigcup_{\gamma \in \Gamma} f^{-1}(B_\gamma)$

따라서 $f^{-1}\left(\bigcup_{\gamma \in \Gamma} B_\gamma\right) = \bigcup_{\gamma \in \Gamma} f^{-1}(B_\gamma)$.

(2) $\forall x \in X,\ x \in f^{-1}\left(\bigcap_{\gamma \in \Gamma} B_\gamma\right)$

$\Leftrightarrow f(x) \in \bigcap_{\gamma \in \Gamma} B_\gamma$

$\Leftrightarrow \forall \gamma \in \Gamma\ \ f(x) \in B_\gamma$

$\Leftrightarrow \forall \gamma \in \Gamma\ \ x \in f^{-1}(B_\gamma)$

$$\Leftrightarrow x \in \bigcap_{\gamma \in \Gamma} f^{-1}(B_\gamma)$$

따라서 $f^{-1}\left(\bigcap_{\gamma \in \Gamma} B_\gamma\right) = \bigcap_{\gamma \in \Gamma} f^{-1}(B_\gamma)$. ◁

정리5.6 함수 $f: X \to Y$와 집합 Y의 부분집합 B, C에 대하여 다음이 성립한다.

$$f^{-1}(B-C) = f^{-1}(B) - f^{-1}(C)$$

(증명) $\forall x \in X,\ x \in f^{-1}(B-C)$

$$\Leftrightarrow f(x) \in B-C$$
$$\Leftrightarrow f(x) \in B \wedge f(x) \notin C$$
$$\Leftrightarrow x \in f^{-1}(B) \wedge x \notin f^{-1}(C)$$
$$\Leftrightarrow x \in f^{-1}(B) - f^{-1}(C)$$

따라서 $f^{-1}(B-C) = f^{-1}(B) - f^{-1}(C)$. ◁

정리5.7 함수 $f: X \to Y$ 에 대하여 $B \subset Y$일 때 다음이 성립한다.

$$f^{-1}(Y-B) = X - f^{-1}(B)$$

(증명) $\forall x \in X,\ x \in f^{-1}(Y-B)$

$$\Leftrightarrow f(x) \in (Y-B)$$
$$\Leftrightarrow f(x) \in Y \wedge f(x) \notin B$$
$$\Leftrightarrow x \in X \wedge x \notin f^{-1}(B)$$
$$\Leftrightarrow x \in X - f^{-1}(B)$$

따라서 $f^{-1}(Y-B) = X - f^{-1}(B)$. ◁

정리5.8 함수 $f: X \to Y$에 대하여 $A \subset X$, $B \subset Y$일 때 다음이 성립한다.

(1) $A \subset f^{-1}(f(A))$

(2) $f(f^{-1}(B)) \subset B$

(증명) (1) $\forall x \in X,\ x \in A$

$\Rightarrow f(x) \in f(A)$

$\Rightarrow x \in f^{-1}(f(A))$

따라서 $A \subset f^{-1}(f(A))$.

(2) $\forall y \in Y,\ y \in f(f^{-1}(B))$

$\Rightarrow (\exists x \in f^{-1}(B))\ \ f(x) = y$

$\Rightarrow f(x) \in B \wedge f(x) = y$

$\Rightarrow y \in B$

따라서 $f(f^{-1}(B)) \subset B$. ◁

정의5.2 **〈사영(projection)〉**

X, Y 가 각각 집합일 때 모든 $(x,y) \in X \times Y$에 대하여 다음과 같이 정의된 두 함수

$$p_X : X \times Y \to X,\ p_Y : X \times Y \to Y$$

$$\forall (x,y) \in X \times Y,\ p_X(x,y) = x,\ p_Y(x,y) = y$$

를 각각 $X-$**사영**($X-$projection), $Y-$**사영**($Y-$projection) 이라고 부른다.

연습문제 3.5

1. 〈연습문제 3.4〉 문제 2에 있어서 다음을 구하여라.

   (1) $f(\{-1,0,1\})$, $f(\{\sqrt{2},\pi\})$, $f(\{2,\log 2\})$

   (2) $f^{-1}(\{0,1\})$, $f^{-1}(\{-3,3\})$, $f^{-1}(\{4,5\})$, $f^{-1}(\{-3,4,5\})$

2. 〈연습문제 3.4〉 문제 3에 있어서 다음을 구하여라.

   (1) $f(\{-7,3,6\})$, $f(\{-8,2,7\})$, $f(\{-9,1,8\})$

   (2) $f^{-1}(\{0,1\})$, $f^{-1}(\{-3,3\})$, $f^{-1}(\{1,2,3\})$

3. 〈연습문제 3.4〉 문제 4에 있어서 $f(\{v,w\})$, $f^{-1}(\{c\})$, $f^{-1}(\{a,b\})$ 를 구하여라.

4. 함수 $f:X\to Y$ 에 대하여 $A\subset X$, $B\subset Y$ 일 때 다음 명제가 거짓인 보기를 각각 하나씩 들어라.

   (1) $B\neq\varnothing$ 이면 $f^{-1}(B)\neq\varnothing$

   (2) $f^{-1}(f(A))=A$

   (3) $f(f^{-1}(B))=B$

   (4) $f(X)=Y$

5. 문제 4 (3)는 $f(X)=Y$ 이면 참임을 증명하여라.

6. 함수 $f:X\to Y$ 에 대하여 $f(X)=Y$ 이고 B, C 가 각각 집합 Y 의 부분집합 일 때 $f^{-1}(B)=f^{-1}(C)$ 이면 $B=C$. 이것을 증명하여라. 한편, 이 주장은 $f(X)\neq Y$ 이면 거짓임을 보여주는 보기 하나를 들어라.

7. 지금 $\Re$ 이 X 에서 Y 로의 관계 즉 $\Re\subset X\times Y$ 이면 다음이 각각 성립함을 증명하여라.

$$p_X(\Re)=Dom(\Re),\quad p_Y(\Re)=Im(\Re)$$

8. 함수 $f : X \to Y$ 에 대하여 $A \subset X$, $B \subset Y$일 때 다음이 성립함을 증명하여라.

(1) $f(A \cap f^{-1}(B)) = f(A) \cap B$

(2) $f(f^{-1}(B)) = f(X) \cap B$

9. 함수 $f : X \to Y$ 에 대하여 A, B가 각각 집합 X의 부분집합일 때 다음이 참이 아닌 보기를 하나 들어라.

$$f(A - B) = f(A) - f(B)$$

10. 〈정리5.1〉 (1), (2), (4)를 증명하여라.

§3.6 단사와 전사

함수에는 중요한 세 가지 형태가 있다. 이들 각각의 이름과 성질을 알아두면 편리하다.

정의6.1 〈**단사**(injection)〉

함수 $f : X \to Y$ 에 있어서, 임의의 $x_1, x_2 \in X$에 대하여

$$x_1 \neq x_2 \Rightarrow f(x_1) \neq f(x_2)$$

일 때 이 함수를 **단사적**(injective) 또는 **일대일**(one to one)이라고 한다. 단사적 함수를 간단히 **단사**(injection)라고 부른다.

논리의 대우법칙에 의하여 단사를 다음과 같이 동치적으로 정의할 수 있다.

정의6.1 함수 $f : X \to Y$에 있어서, 임의의 $x_1, x_2 \in X$에 대하여

$$f(x_1) = f(x_2) \Rightarrow x_1 = x_2$$

일 때 이 함수는 단사이다.

예제6.1 포함함수 $i : X \hookrightarrow Y$와 항등함수 $I_X : X \to X$는 단사이다.

정의6.2 〈**전사**(surjection)〉

함수 $f : X \to Y$에 있어서 임의의 $y \in Y$에 대하여 적어도 하나의 $x \in X$가 존재하여 $y = f(x)$ 일 때 이 함수를 **전사적**(surjective) 또는 **위로**(onto)라고 한다. 전사적 함수를 간단히 **전사**(surjection)라고 부른다. 즉,

$$\begin{aligned} & \forall y \in Y, \quad (\exists x \in X)\ f(x) = y \\ \equiv\ & [y \in Y \Rightarrow y \in f(X)] \\ \equiv\ & Y \subset f(X) \end{aligned}$$

다시 말하면 함수 $f : X \to Y$ 에 대하여, $f(X) = Y$이면 이 함수는 전사이다.

예제6.2 공집합이 아닌 두 집합 X, Y에 대하여 X-사영 $p_X : X\times Y \to X$와 Y-사영 $p_Y : X\times Y \to Y$ 은 모두 전사이다.

왜냐하면

$$\forall x \in X,\quad \exists y \in Y \qquad\qquad \langle Y \neq \varnothing \rangle$$
$$\Rightarrow (x,y) \in X\times Y \wedge p_X(x,y) = x$$

예제6.3 함수 $f : \mathbb{R} \to [-1, 1]$, $f(x) = \sin x$ 는 전사이다. 그러나 이 함수의 공역 $[-1,1]$ 을 실수전체의 집합 $\mathbb{R}$ 로 바꿔 놓은 함수 $f : \mathbb{R} \to \mathbb{R}$ 은 전사가 아니다.

정의6.3 〈**전단사**(bijection)〉

함수 $f : X \to Y$가 단사적이고 동시에 전사적일 때 이 함수를 **전단사적**(bijective)이라고 한다. 전단사적 함수를 간단히 **전단사**(bijection) 또는 **일대일 대응**(one to one correspondence)이라고 부른다.

예제6.4 항등함수 $I_X : X \to X$는 전단사이다.

예제6.5 함수 $f : X \to Y$가 전단사이면 그리고 그때에만

$$\forall y \in Y,\ (\exists_1 x \in X)\quad f(x) = y$$

여기서 단사, 전사, 전단사 함수의 보기를 다음과 같이 그림으로 나타낼 수 있다. 각 그림에서 X, Y는 각각 원의 내부의 점들의 집합을 나타낸다. 그리고 X의 각 점은 화살표에 따라 Y의 어느 점과 짝지어져 있다. 이와 같이 얻어진 순서쌍의 집합으로 하나의 함수 $f : X \to Y$가 생긴다.

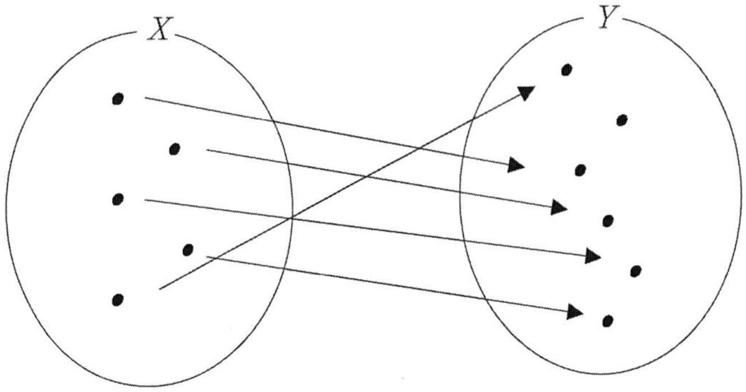

〈그림 12〉 $f : X \to Y$ 는 단사이다.

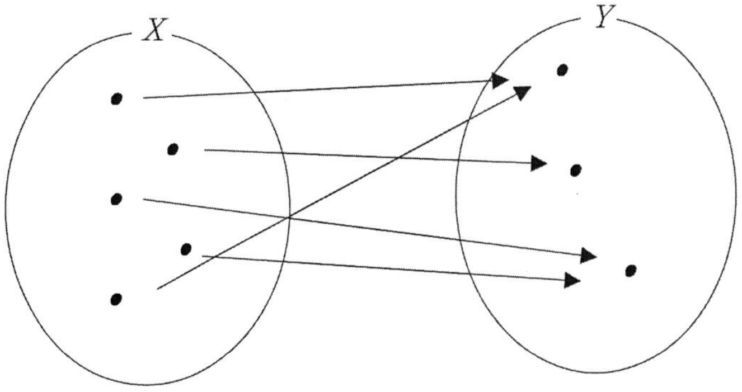

〈그림 13〉$f : X \to Y$ 는 전사이다.

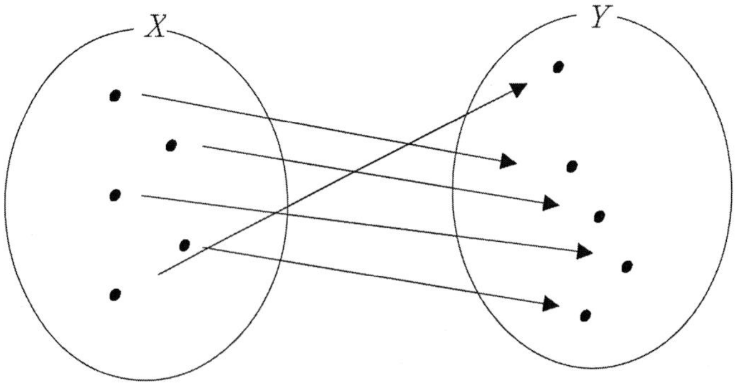

〈그림 14〉$f : X \to Y$ 는 전단사이다.

함수 f 가 단사인 경우에는

$$f\left(\bigcap_{\gamma\in\Gamma} A_\gamma\right) \subset \bigcap_{\gamma\in\Gamma} f(A_\gamma)$$

에서의 포함기호 $\subset$는 등호 $=$로 바뀐다. 즉 다음 정리를 얻는다.

정리6.1 함수 $f : X \to Y$가 단사일 때 집합 X의 부분집합 A, B에 대하여 다음이 성립한다.

$$f(A\cap B) = f(A)\cap f(B)$$

(증명) 여기서 우리는 $f(A\cap B) \supset f(A)\cap f(B)$만 증명하면 충분하다.

$$
\begin{aligned}
& y \in f(A)\cap f(B) \\
\Rightarrow\ & y \in f(A) \ \wedge\ y \in f(B) \\
\Rightarrow\ & [\exists x_1 \in A,\ f(x_1) = y] \ \wedge\ [\exists x_2 \in B,\ f(x_2) = y] \\
\Rightarrow\ & x_1 \in A,\ x_2 \in B \ \wedge\ f(x_1) = y = f(x_2)
\end{aligned}
$$

함수 f가 단사적이므로 정의에 의하여

$$
\begin{aligned}
& x_1 \in A,\ x_2 \in B \ \wedge\ x_1 = x_2 \ \wedge\ f(x_1) = y \\
\Rightarrow\ & y \in f(A\cap B)
\end{aligned}
$$

그러므로 $f(A\cap B) \supset f(A)\cap f(B)$.

따라서 $f(A\cap B) = f(A)\cap f(B)$. ◁

정리6.2 함수 $f : X \to Y$가 단사일 때 집합 X의 부분집합족 $\{A_\gamma \mid \gamma \in \Gamma\}$에 대하여 다음이 성립한다.

$$f\left(\bigcap_{\gamma\in\Gamma} A_\gamma\right) = \bigcap_{\gamma\in\Gamma} f(A_\gamma)$$

(증명) 여기서 우리는 $f\left(\bigcap_{\gamma\in\Gamma} A_\gamma\right) \supset \bigcap_{\gamma\in\Gamma} f(A_\gamma)$만 증명하면 충분하다.

$$
\begin{aligned}
& y \in \bigcap_{\gamma\in\Gamma} f(A_\gamma) \\
\Rightarrow\ & (\forall \gamma \in \Gamma)\ \ y \in f(A_\gamma) \\
\Rightarrow\ & (\forall \gamma \in \Gamma)\ \ [(\exists x_\gamma \in A_\gamma)\ y = f(x_\gamma)]
\end{aligned}
$$

가정에서 $f : X \to Y$ 는 단사이므로

$$(\forall \gamma, \beta \in \Gamma \quad x_\gamma = x_\beta) \wedge y = f(x_\gamma)$$

즉, 이들 $x_\gamma \in A_\gamma$ 는 모두 같다. 그것을 x_0 이라고 놓으면

$$\Rightarrow x_0 \in \bigcap_{\gamma \in \Gamma} A_\gamma \wedge y = f(x_0)$$

$$\Rightarrow y \in f\left(\bigcap_{\gamma \in \Gamma} A_\gamma\right)$$

따라서 $\bigcap_{\gamma \in \Gamma} f(A_r) = f\left(\bigcap_{\gamma \in \Gamma} A_r\right)$. ◁

<역함수(inverse function)>

집합 X 에서 집합 Y 로의 관계 $\Re$ 에 대하여 그 관계 $\Re^{-1} = \{(y,x) | (x,y) \in \Re\}$ 은 Y 에서 X 로의 관계인 것을 상기한다면 함수 $f : X \to Y$ 는 X 에서 Y 로의(특별한 종류의) 관계이므로 f^{-1} 는 적어도 Y 에서 X 로의 하나의 관계이다.

f^{-1} 가 어떤 조건 하에 함수로 되는가를 살펴보자. 이를 다음 정리에서 알아본다.

정의6.4 〈**역함수**(inverse function)〉

전단사 함수 $f : X \to Y$ 에 대하여 역관계 $f^{-1} : Y \to X$ 를 f 의 **역함수**(inverse function)라고 부른다.

함수 $f : X \to Y$ 가 전단사(일대일 대응)일 때 f 를 집합 X, Y 사이의 **일대일 대응**이라고도 한다.

정리6.3 함수 $f : X \to Y$ 가 전단사이면 $f^{-1} : Y \to X$ 도 전단사이다.

(증명) 우선 집합 Y 에서 집합 X 로의 관계 f^{-1} 는 함수임을 증명하기로 한다. $f : X \to Y$ 는 전사이므로 다음이 성립한다.

$$Dom(f^{-1}) = Im(f) = Y$$

그러므로 f^{-1} 는 함수의 조건 (1)을 만족시킨다. 다음에 f^{-1} 는 함수의 조건 (2)를 만족

시키는 것을 보이기 위하여

$$(y,x_1) \in f^{-1} \ \wedge \ (y,x_2) \in f^{-1}$$

라고 각각 놓으면

$$(x_1,y) \in f \ \wedge \ (x_2,y) \in f$$

이므로 $f(x_1) = y = f(x_2)$이고, 지금 f가 단사이므로 $x_1 = x_2$.

따라서 $f^{-1} : Y \to X$는 하나의 함수이다.

다음으로 함수 $f^{-1} : Y \to X$가 단사임을 보이기 위하여 $y_1,\ y_2 \in Y$에 대하여 $f^{-1}(y_1) = f^{-1}(y_2) = x$ 라고 놓으면

$$f(x) = y_1,\ \ f(x) = y_2$$

이고 f가 단사이므로 $y_1 = y_2$. 따라서 f^{-1}는 단사이다.

그리고,

$$Im(f^{-1}) = Dom(f) = X$$

그러므로 f^{-1}는 전사이다. ◁

정리6.4 함수 $f : X \to Y$에 대하여 $A \subset X,\ B \subset Y$일 때 다음이 성립한다.

(1) f가 단사이면 $f^{-1}(f(A)) = A$

(2) f가 전사이면 $f(f^{-1}(B)) = B$

증명 (1) $f^{-1}(f(A)) \supset A$는 〈정리5.7〉에서 증명하였으므로 여기서는 $f^{-1}(f(A)) \subset A$를 증명하면 충분하다.

$$\begin{aligned} x \in f^{-1}(f(A)) &\Rightarrow f(x) \in f(A) \\ &\Rightarrow (\exists x_1 \in A)\ \ f(x_1) = f(x) \\ &\Rightarrow x_1 = x \ \wedge \ x_1 \in A \qquad \langle f\text{는 단사}\rangle \\ &\Rightarrow x \in A \end{aligned}$$

따라서 $f^{-1}(f(A)) \subset A$.

(2) $f(f^{-1}(B)) \subset B$는 〈정리5.7〉에서 증명하였으므로 여기서는 $f(f^{-1}(B)) \supset B$를 증명하면 충분하다.

$$y \in B \Rightarrow (\exists x \in X)\ \ f(x) = y \qquad \langle f\text{는 전사}\rangle$$

$$\Rightarrow y \in B \wedge f(x) = y$$

$$\Rightarrow x \in f^{-1}(B)$$

$$\Rightarrow f(x) \in f(f^{-1}(B))$$

$$\Rightarrow y \in f(f^{-1}(B))$$

따라서 $B \subset f(f^{-1}(B))$. ◁

정리6.5 함수 $f : X \to Y$가 단사일 때 A, B가 각각 집합 X의 부분집합이면 $f(A-B) = f(A) - f(B)$ 임을 증명하여라.

(증명) $y \in f(A-B)$

$$\Leftrightarrow (\exists x \in A-B) \quad f(x) = y$$

$$\Leftrightarrow x \in A \wedge x \not\in B \quad f(x) = y$$

함수 f가 단사함수이므로 모든 $z \in B$에 대하여 상 $f(z)$가 y일 수는 없다. 따라서

$$\Leftrightarrow [x \in A,\ f(x) = y] \wedge [z \in B \Rightarrow f(z) \neq y]$$

$$\Leftrightarrow y \in f(A) \wedge y \not\in f(B).$$ ◁

연습문제 3.6

1. 〈연습문제 3.4〉 문제 2, 3, 4의 함수 중 단사, 전사는 각각 어느 것인가?

2. 〈연습문제 3.4〉 문제 5, 6의 함수 중 단사, 전사, 전단사는 각각 어느 것인가?

3. 함수 $f:\mathbb{R}\to\mathbb{R}$ 이 모든 $x\in\mathbb{R}$ 에 대하여 $f(x)=3x-2$ 로 정의되었을 때 다음 물음에 답하여라.
   (1) 함수 f 는 전단사임을 증명하여라.
   (2) 함수 f 의 역함수 f^{-1} 를 구하여라.

4. 함수 $g:(-1/2,\ 1/2)\to\mathbb{R}$ 를 각 $x\in(-1/2,\ 1/2)$ 에 대하여
   $g(x)=\tan x$ 로 정의할 때 이 함수 g 는 전단사인가?
   만일 그렇다면 그 역함수 g^{-1} 를 구하여라.

5. 특성함수 $\chi_A : X\to\{0,1\}$ 은 $A\subset X\ (A\neq\varnothing)$ 이면, 그리고 그때에만 전사임을 증명하여라. 또 $\chi_A : X\to\{0,1\}$ 이 단사인 것은 어느 때인가?

6. 상수 함수 $C_b : X\to Y$ 는 $Y=\{b\}$ 이면, 그리고 그때에만 전사임을 증명하여라. $C_b : X\to Y$ 가 단사인 것은 어느 때인가?

7. 자연수의 집합 $\mathbb{N}$과 모든 짝수의 집합 사이에 일대일 대응이 존재함을 증명하여라.

8. 정수의 집합 $\mathbb{Z}$과 모든 홀수의 집합 사이에 일대일 대응이 존재함을 증명하여라.

9. X, Y 는 각각 m,n 개의 원소를 지닌 유한집합일 때 다음이 성립함을 증명하여라.
   (1) $m>n$ 이면 단사 $f:X\to Y$ 는 존재하지 않는다.
   (2) $m\le n$ 이면 꼭 $n!/(n-m)!$ 개의 단사가 존재한다.

10. m 개의 원소를 지닌 유한집합 X 에 대하여 X 에서 X 위로의 전단사는 모두 몇 개 있는가? [주의 : 유한집합에서 그 자신 위로의 전단사를 때로는 순열(permutation)이라고 한다].

§3.7 함수의 합성

우리들의 이해를 돕기 위하여 함수 $f : X \to Y$를 다음 그림과 같은 하나의 기계로 비유하겠다.

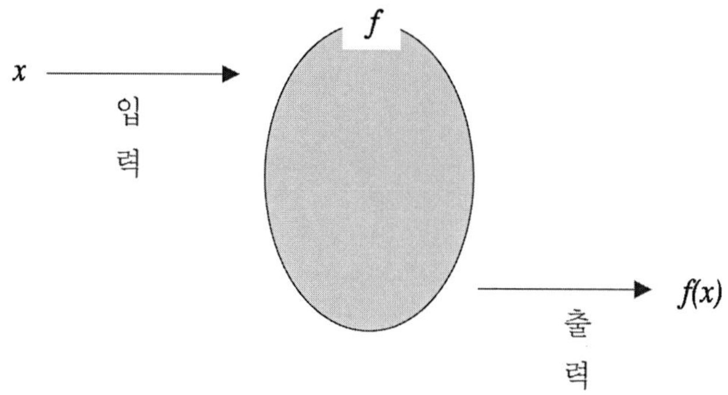

〈그림 15〉

즉 이 경우의 기계는 집합 X의 원소로서 임의로 택한 x에 대해 어떠한 방법으로 작용을 일으킴으로써 새로운 대상으로 변환시킬 생산물 $f(x)$를 만들어 낸다고 생각하자. 위의 〈그림 15〉는 이러한 개념을 나타낸 것이다.

주어진 두 함수 $f : X \to Y$, $g : Y \to Z$에 대하여 함수 g의 정의역은 함수 f의 공역과 같다. 이 두 함수를 각각 세탁과 건조가 따로 이루어지는 구형 세탁기에 적용시켜보자. 비록 이 두 기계를 하나의 신형 세탁기로 결합시키려 하는 연구자가 아니더라도 다음과 같은 일을 짐작할 수 있을 것이다. 즉 불결한 옷 x를 세탁기로 빨아 젖은 상태의 깨끗한 옷 $f(x)$를 얻은 뒤 다시 이것을 건조기로 말림으로써 마지막으로 얻는 결과물은 깨끗하고 마른 옷 $g(f(x))$가 될 것이다. 다음은 이러한 과정을 나타낸 그림이다.

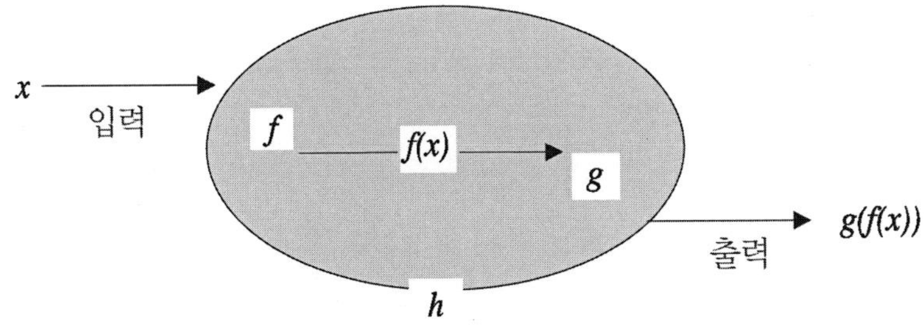

〈그림 16〉

대체로 두 기계 $f : X \to Y$, $g : Y \to Z$의 결합(combination)으로 얻은 하나의 새로운 기계를 $h : X \to Z$라고 하면 이 기계는 X의 임의의 대상 x를 Z의 대상 $h(x) = g(f(x))$로 변환시킨다. h를 기호로는 보통 $g \circ f$로 나타낸다. 또 용어「결합」에 대한 전통적 명칭은 **합성함수**(composition)이다. 이제 다음 정의를 얻는다.

정의7.1 **〈합성함수**(composition)**〉**

두 함수 $f : X \to Y$, $g : Y \to Z$가 주어졌을 때, 다음과 같이 정의된 함수

$$g \circ f : X \to Z \qquad (g \circ f)(x) = g(f(x)), \quad \forall x \in X$$

를 f와 g의 **합성함수**(composition)라고 한다. 이 합성함수를 다음과 같이 관계 기호로 나타낼 수 있다.

$$g \circ f = \{(x,z) \in X \times Z | (\exists y \in Y)\ (x,y) \in f \ \wedge \ (y,z) \in g\}$$

예제7.1 모든 $x \in \mathbb{R}$에 대하여 $f(x) = x + 1$, $g(x) = x^2$으로 각각 정의된 함수 $f : \mathbb{R} \to \mathbb{R}$, $g : \mathbb{R} \to \mathbb{R}$에 대하여 합성함수 $g \circ f$, $f \circ g$를 구하여라.

풀이 합성함수의 정의에 의하여 다음을 얻는다.

$(g \circ f)(x) = g(f(x)) = g(x+1) = (x+1)^2 = x^2 + 2x + 1$. 즉

$$g \circ f : \mathbb{R} \to \mathbb{R}\ ,\ (g \circ f)(x) = x^2 + 2x + 1 \quad \forall x \in \mathbb{R}$$

한편 $(f \circ g)(x) = f(g(x)) = f(x^2) = x^2 + 1$. 즉

$$f \circ g : \mathbb{R} \to \mathbb{R}\ ,\ (f \circ g)(x) = x^2 + 1 \quad \forall x \in \mathbb{R}$$

[참고] 〈예제 7.1〉의 결과는 $f \circ g \neq g \circ f$ 임을 말해주고 있으므로 합성함수에 대하여 교환법칙이 반드시 성립하지는 않는다.

정리7.1 함수 $f : X \to Y$ 에 대하여, f 가 역함수 f^{-1} 를 가지면 다음이 성립한다.

(1) $f^{-1} \circ f = I_X$ (2) $f \circ f^{-1} = I_Y$

(증명) (1) 먼저 $f^{-1} \circ f$ 와 I_X 는 각각 X 에서 X 로의 함수인 것을 쉽게 알 수 있다. 그러므로 위의 등식이 성립함을 보이려면 〈정리4.2〉에 의하여

$$(f^{-1} \circ f)(x) = I_X(x) \quad \forall x \in X$$

인 것을 확인하면 된다. $\forall x \in X$, $f(x) = y$ 라 두면

$$(f^{-1} \circ f)(x) = f^{-1}(f(x)) = f^{-1}(y) = x = I_X(x)$$

그러므로 $f^{-1}_{\circ} f = I_X$.

(2) $\forall y \in Y$, $f(x) = y$ 라 두면

$$(f \circ f^{-1})(y) = f(f^{-1}(y)) = f(x) = y = I_Y(y) .$$

그러므로 $f \circ f^{-1} = I_Y$. ◁

정리7.2 합성함수에 대하여 결합법칙이 성립한다. 즉 함수 $f : X \to Y$, $g : Y \to Z$, $h : Z \to W$ 에 대하여 다음을 만족한다.

$$(h \circ g) \circ f = h \circ (g \circ f)$$

(증명) 먼저 $(h \circ g) \circ f$, $h \circ (g \circ f)$ 는 각각 X 에서 W 로의 함수인 것을 쉽게 알 수 있다. 그러므로 위의 등식이 성립함을 보이려면 〈정리4.2〉에 의하여

$$\forall x \in X, \quad ((h \circ g) \circ f)(x) = (h \circ (g \circ f))(x)$$

인 것을 확인하면 된다. 그런데 합성함수의 정의에 의하면 모든 $x \in X$ 에 대하여

$$((h \circ g) \circ f)(x) = (h \circ g)(f(x)) = h(g(f(x))$$

한편

$$(h \circ (g \circ f))(x) = h((g \circ f)(x)) = h(g(f(x))$$

그러므로 $\forall x \in X$, $((h \circ g) \circ f)(x) = h \circ (g \circ f)(x)$.

따라서 $(h \circ g) \circ f = h \circ (g \circ f)$. ◁

정리7.3 함수 $f : X \to Y,\ g : Y \to Z$ 에 대하여 다음이 성립한다.

(1) f 와 g 가 단사이면 $g \circ f$ 도 단사이다.

(2) f 와 g 가 전사이면 $g \circ f$ 도 전사이다.

(3) f 와 g 가 전단사이면 $g \circ f$ 도 전단사이다.

증명 (1) $x_1,\ x_2 \in X,\ (g \circ f)(x_1) = (g \circ f)(x_2)$

$\Rightarrow g(f(x_1)) = g(f(x_2))$ 〈합성함수의 정의〉

$\Rightarrow f(x_1) = f(x_2)$ 〈g :단사〉

$\Rightarrow x_1 = x_2$ 〈f :단사〉

그러므로 $g \circ f$는 단사이다.

(2) f 와 g 가 전사라는 사실로부터 다음이 성립한다.

$$(g \circ f)(X) = g(f(X)) = g(Y) = Z$$

그러므로 $g \circ f$ 는 전사이다. ◁

정리7.4 함수 $f : X \to Y$ 에 대하여 다음을 성립한다.

$$f \circ I_X = f = I_Y \circ f$$

증명 $\forall x \in X,\ (f \circ I_X)(x) = f(I_X(x)) = f(x)$

$(I_Y \circ f)(x) = I_Y(f(x)) = f(x)$

그러므로 $f \circ I_X = f = I_Y \circ f$. ◁

정리7.5 함수 $f : X \to Y$ 에 대하여 다음이 성립한다.

(1) $(\exists\ g : Y \to X)\ g \circ f = I_X$ 이면 $f : X \to Y$ 는 단사이다.

(2) $(\exists\ h : Y \to X)\ f \circ h = I_Y$ 이면 $f : X \to Y$ 는 전사이다.

증명 (1) $x_1,\ x_2 \in X,\ f(x_1) = f(x_2)$ 라고 가정하면

$$\begin{aligned} x_1 &= I_X(x_1) \\ &= (g \circ f)(x_1) = g(f(x_1)) = g(f(x_2)) \end{aligned}$$

$$= (g \circ f)(x_2) = I_X(x_2) = x_2$$

그러므로 $f : X \to Y$ 는 단사이다.

(2) 가정에 의하여 각 $y \in Y$ 에 대하여 $f \circ h = I_Y$ 이므로

$$y = I_Y(y) = (f \circ h)(y) = f(h(y))$$

$h(y) = x$ 라 두면

$$(\exists x \in X) \quad f(x) = y$$

그러므로 $f : X \to Y$ 는 전사이다. ◁

연습문제 3.7

1. $f(x)=2x+1$, $g(x)=\cot x$ 로 각각 정의된 함수$f:\mathbb{R}\to\mathbb{R}$, $g:\mathbb{R}\to\mathbb{R}$ 에 대하여 다음을 구하여라.

   (1) 합성함수 $g\circ f$

   (2) 합성함수 $f\circ g$

2. $f(x)=\log x$, $g(x)=10$ 으로 각각 정의된 함수 $f:\mathbb{R}^+\to\mathbb{R}$, $g:\mathbb{R}\to\mathbb{R}^+$ 에 대하여 다음을 구하여라.

   (1) 합성함수 $g\circ f\ :\mathbb{R}^+\to\mathbb{R}^+$

   (2) 합성함수 $f\circ g\ :\mathbb{R}\to\mathbb{R}$

3. 〈연습문제 3.4〉의 문제6의 함수 f, g, h 에 대하여 다음을 구하여라.

   (1) 합성함수 $g\circ f$

   (2) 합성함수 $h\circ g$

   (3) 합성함수 $h\circ(g\circ f)$

   (4) 합성함수 $(h\circ g)\circ f$

   (5) $h\circ(g\circ f)$, $(h\circ g)\circ f$ 에 대한 답을 비교하여라.

4. 함수 $f:X\to Y$에 대하여 두 함수 $g:Y\to X$, $h:Y\to X$가 존재하여 $g\circ f=I_X$, $f\circ h=I_Y$ 이면 $f:X\to Y$는 전단사적이고 $g=h=f^{-1}$ 임을 증명하여라.

5. 전단사 $f:X\to Y$, $g:Y\to Z$에 대하여 다음을 증명하여라.

$$(g\circ f)^{-1}=f^{-1}\circ g^{-1}$$

제 4 장

가부번집합과 비가부번집합

「무한집합들 중 크기(size)에 있어서 가장 작은 것은 가부번집합이다」 라고 알려져 있다. 이 장에서는 가부번집합과 비가부번집합의 성질 및 보기들을 다룬다.

§4.1 유한집합과 무한집합

제 2장에서 **유한집합**(finite set)은 단지 유한개의 원소를 지닌 집합이라고 언급하였다. 이 개념을 더욱 정확한 수학적 정의로 발전시킬 수 있겠지만 우리는 유한개의 원소를 지닌 집합보다는 데데킨트가 처음 내린 정의를 고려한다.

제 2장에서 모든 자연수의 집합 N 은 **무한집합**(infinite set)임을 지적하였다. 지금 짝수인 모든 자연수의 집합을 N_e 라고 하면 집합 N 과 그 진부분집합 N_e 사이에는 일대일 대응이 존재한다는 것을 보았다. 다시 말하면 부분으로서 전체만큼 많은 것을 지닌 것도 있다.

이 무한집합의 성질은 칸토르(Georg Cantor)를 위시하여 많은 수학자들을 놀라게 하였다. 데데킨트(Richard Dedekind, 1831~1916 : 가장 위대한 수학자 중의 한 사람인 리차드 데데킨트는 1831 년 11월 6일 독일의 Brunswick에서 태어났다. 처음에 물리학과 화학에 흥미를 지녔던 그는 수학을 그저 과학의 시종으로 여겼으나 머지않아 17세 때 물리학과 화학으로부터 수학으로 전향하였으며 논리학을 더욱 선호하였다. 19세 때 Gottingen 대학교에 진학하여 수학공부를 한지 3 년만에 가우스(Gauss) 지도하에 박사학위를 받았다. 수학에 관한 유명한 "데데킨트의 절단(Dedekind Cut)"이 있다.) 는 이 성질을 무한집합의 특징으로 보고 다음과 같은 정의를 내렸다.

정의1.1 〈**무한집합**(infinite set)〉

집합 X의 진부분집합 Y가 존재하여 X와 Y사이에 일대일 대응이 존재할 때 X를 **무한집합**(infinite set)이라고 한다. 한편 무한집합이 아닌 집합을 **유한집합**(finite set)이라고 한다.

정리1.1 집합 X에 대하여 단사함수 $f: X \to X$가 존재하여 $f(X)$가 X의 진부분집합이면, 그리고 그 때에만 X는 무한집합이다.

(증명) 함수 $f : X \to X$를 단사라 두자. 함수 $g : X \to f(X)$를 다음과 같이 정의하면

$$\forall x \in X,\ g(x) = f(x)$$

함수 g는 일대일 대응이 된다. 즉, X의 진부분집합 $f(X)$가 존재하여 X와 $f(X)$ 사이에 일대일 대응 g가 존재한다. 그러므로 X는 무한집합이다.

역으로 X를 무한집합이라 두면, 집합 X의 진부분집합 Y가 존재하여 X와 Y사이에 일대일 대응 $g : X \to Y$가 존재한다. 함수 $f : X \to X$를

$$\forall x \in X,\ f(x) = g(x)$$

로 정의하면 f는 단사이고 $f(X) = g(X) = Y \neq X$. ◁

예제1.1 자연수의 집합 N은 무한집합이다.

풀이 $f: \mathrm{N} \to \mathrm{N}$을 $f(x) = 2x$라 하면 f는 단사로써 $f(\mathrm{N}) = \mathrm{N}_0 \subsetneq \mathrm{N}$이다. 따라서 N은 무한집합이다.

예제1.2 공집합 $\varnothing$과 단원집합(singleton)은 유한집합이다.

풀이 (1) 공집합의 진부분집합이 존재하지 않으므로 $\varnothing$는 무한집합일 수 없다. 그러므로 $\varnothing$는 유한집합이다.

(2) 단원집합 $\{a\}$와 그의 진부분집합 $\varnothing$ 사이에는 일대일 대응이 존재하지 않는다. 따라서 $\{a\}$는 유한집합이다.

정리1.2 임의의 무한집합 X에 대하여 $X \subset Y$이면 Y는 무한집합이다.

(증명) (1) X가 무한집합이므로 단사 $f: X \to X$가 존재하여 $f(X) \neq X$. 지금 함수 $g: Y \to Y$를 다음과 같이 정의하면

$$g(y) = \begin{cases} f(y), & y \in X \\ y, & y \in Y - X \end{cases}$$

이 함수는 단사이고 $g(Y) \neq Y$. 이것의 증명은 생략한다. 그러므로 Y는 무한집합이다. ◁

따름정리 임의의 유한집합 Y에 대하여 $X \subset Y$이면 X는 유한집합이다.

(증명) X가 유한집합임을 보이기 위하여 이를 부정하여 X가 무한집합이라고 가정한다. 그러면 〈정리1.2〉에 의하여 집합 Y는 무한집합이다. 이것은 Y가 유한집합이라는 가정에 모순이다. 따라서 X는 유한집합이다. ◁

따름정리 A가 무한집합이면 임의의 집합 B에 대하여 $A \cup B$도 무한집합이다.

정리1.3 함수 $g: X \to Y$가 일대일 대응일 때 X가 무한집합이면 Y도 무한집합이다.

(증명) X는 무한집합이므로 정의에 의하여 단사 $f: X \to X$가 존재하여 $f(X) \neq X$를 만족한다.

가정에서 $g: X \to Y$는 일대일 대응이므로 $g^{-1}: Y \to X$도 일대일 대응이다. 여기서 우리는 다음과 같은 단사들의 그림을 얻는다.

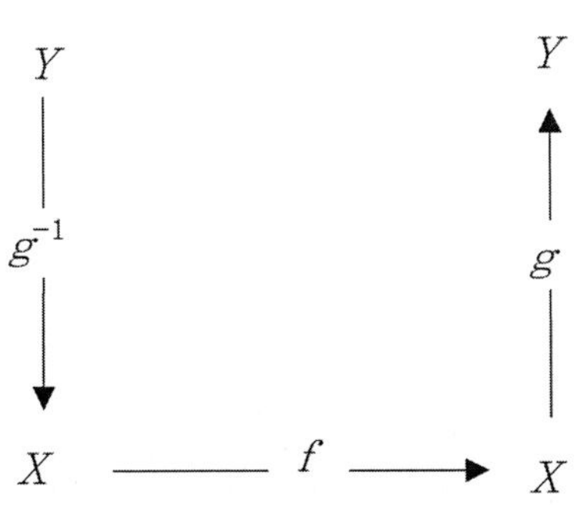

여기서 단사들의 합성 $h = g \circ f \circ g^{-1} : Y \to Y$는 단사임을 쉽게 알 수 있다. 한편 g가 일대일 대응이므로 $g^{-1}(Y) = X$. 그러므로

$$h(Y) = (g \circ f \circ g^{-1})(Y) = (g(f(g^{-1}(Y))) = g(f(X))$$

즉 $h(Y) = g(f(X))$.

그런데 $f(X) \neq X$이고 g는 일대일 대응이므로 $g(f(X)) \neq Y$.

따라서 $h(Y) = g(f(X)) \neq g(X) = Y$. 곧 $h(Y)$는 Y의 진부분집합이다. 그러므로 Y는 무한집합이다. ◁

따름정리 함수 $g : X \to Y$가 일대일 대응일 때 X가 유한집합이면 Y도 유한집합이다.

정리1.4 집합 X가 무한집합이고 $x_0 \in X$일 때 $X - \{x_0\}$ 또한 무한집합이다.

(증명) X가 무한집합이므로 단사 $f : X \to X$가 존재하여 $f(X) \neq X$. 이제 두 경우

(1) $x_0 \in f(X)$

(2) $x_0 \in X - f(X)$

의 각각에 대하여 하나의 단사함수 $g : X - \{x_0\} \to X - \{x_0\}$

를 다음과 같이 구성한다.

(1) $x_0 \in f(X)$ 경우.

상 $f(X)$의 정의에 의하여 $f(x_1) = x_0$을 만족하는 적당한 원소 $x_1 \in X$이 존재한다. 이제 함수 $g : X - \{x_0\} \to X - \{x_0\}$를 다음과 같이 정의한다.

$$g(x) = \begin{cases} f(x), & x \neq x_1 \\ x_2, & x = x_1 \in X - \{x_0\} \end{cases}$$

여기서 x_2는 공집합이 아닌 집합 $X - f(X)$의 임의의 원소이다. 만약 $x_0 = x_1$이라면 g는 단사로써 $g(X - \{x_0\}) \not\subset X - \{x_0\}$ 이므로 $X - \{x_0\}$는 무한집합이다. 따라서 $x_0 \neq x_1$이라 하자. 그러면 $g : X - \{x_0\} \to X - \{x_0\}$은 단사이고

$$g(X - \{x_0\}) = f(X) - \{x_0, f(x_0)\} \cup \{x_2\} \neq X - \{x_0\}$$

즉 $f(x_0) \in X - \{x_0\}$, $f(x_0) \notin g(X - \{x_0\})$이다. 따라서

$g(X - \{x_0\}) \neq X - \{x_0\}$ 이므로 $X - \{x_0\}$은 무한집합이다.

(2) $x_0 \in X-f(X)$을 만족할 경우.

함수 $g : X-\{x_0\} \to X-\{x_0\}$ 를 다음과 같이 정의한다.

모든 $x \in X-\{x_0\}$ 에 대하여 $g(x)=f(x)$. 여기서 $f : X \to X$가 단사이므로 $g : X-\{x_0\} \to X-\{x_0\}$도 단사이다. 그러면

$$g(X-\{x_0\})=f(X)-\{f(x_0)\} \neq X-\{x_0\}$$

즉 $f(x_0) \in X-\{x_0\}$, $f(x_0) \notin g(X-\{x_0\})$이다. 따라서 $g(X-\{x_0\}) \neq X-\{x_0\}$이므로 $X-\{x_0\}$은 무한집합이다.

이상으로 어느 경우에도 $X-\{x_0\}$은 무한집합이다. ◁

따름정리 무한집합 X의 부분집합 Y가 유한집합이면 $X-Y$는 무한집합이다.

앞으로는 임의의 $k \in \mathrm{N}$ 에 대하여 1부터 k까지 모든 자연수의 집합을 N_k로 나타낸다. 즉 $\mathrm{N}_k = \{1,2,3,...,k\}$.

N_k가 유한집합임을 다음 정리에서 알아본다.

정리1.5 각 $k \in \mathrm{N}$에 대하여 N_k는 유한집합이다.

(증명) 이것을 수학적 귀납법으로 증명하겠다.

$k=1$ 일 때 위의 주장은 참이다. 이제 적당한 자연수 k에 대하여 N_k는 유한집합이라고 가정한다.

만일 집합 $\mathrm{N}_{k+1} = \mathrm{N}_k \cup \{k+1\}$ 에 대하여 N_{k+1}이 무한집합이라면 $\mathrm{N}_{k+1}-\{k+1\}= \mathrm{N}_k$도 무한집합이다. 이것은 N_k가 유한집합이라는 것에 모순이다. 그러므로 N_k가 유한집합이면 N_{k+1}도 유한집합이다. 따라서 수학적 귀납법에 의하여 각 $k \in \mathrm{N}$ 에 대하여 N_k는 유한집합이다. ◁

다음 정리에서 우리는 공집합이 아닌 유한집합과 집합 N_k 사이에는 밀접한 관련성이 있음을 알 수 있다.

정리1.6 집합 X에 대하여 $X=\varnothing$ 또는 X와 적당한 N_k 사이에 일대일 대응이 존재하면, 그리고 그때에만 X는 유한집합이다.

(증명) X가 공집합이거나 또는 X와 적당한 N_k 사이에 일대일 대응이 존재하면 X는 유한집합이다. 한편 이것의 역도 참임을 밝히기 위하여 그 역의 대우 즉 공집합이 아닌 집합 X와 임의의 N_k 사이에 일대일 대응이 존재하지 않으면 X는 무한 집합인 것을 보이도록 한다.

집합 X에서 택한 하나의 원소를 x_1이라고 하면 $X-\{x_1\}$은 공집합이 아니다. 왜냐하면 $X-\{x_1\}=\varnothing$ 즉, $X=\{x_1\}$이면 이 X와 N_1 사이에는 일대일 대응이 존재하기 때문이다. 그러나 이것은 X에 대한 가정에 모순이다. 같은 방법으로 $X-\{x_1\}$에서 원소 x_2를 택할 수 있다. 이 방법을 계속함으로써 X의 원소 $x_1, x_2, \ldots, x_k$를 택한 것으로 가정한다. 그러면

$$X-\{x_1, x_2, \ldots, x_k\} \neq \varnothing.$$

왜냐하면 $X-\{x_1, x_2, \ldots, x_k\}=\varnothing$ 이면 $X=\{x_1, x_2, \ldots, x_k\}$와 N_k 사이에는 일대일 대응이 존재함으로써 역시 X에 대한 가정에 모순이기 때문이다. 그러므로 항상 $X-\{x_1, x_2, \ldots, x_k\}$에서 원소 x_{k+1}을 택할 수 있다. 따라서 수학적 귀납법에 의하여 각 자연수 n에 대한 X의 진부분집합 $\{x_1, x_2, \ldots, x_n\}$이 존재한다. 여기서 각 자연수 n에 대하여 X에서 택한 x_n의 집합을 Y라고 놓는다.

지금 함수 $f: Y \to Y-\{x_1\}$를 각 $k \in \mathrm{N}$에 대하여 $f(x_k)=x_{k+1}$로 정의하면 이 함수는 집합 Y와 그 진부분집합 $Y-\{x_1\}$ 사이의 일대일 대응이다. 그러므로 Y는 무한 집합이다. 여기서 X는 Y의 포함집합이므로 〈정리1.2〉에 의하여 X는 무한집합이다. ◁

[참고] 위의 정리의 증명에서 우리들은 제 6장에서 다룰 중요한 **선택공리**(axiom of choice)를 암암리에 인용하였다. 선택공리의 한가지 형식은 다음과 같다.
"주어진 집합 X의 공집합이 아닌 부분집합의 집합을 $\wp(\wp \neq \varnothing)$라고 하면 집합 $R \subseteq X$이 존재함으로써 각 $C \in \wp$에 대하여 $C \cap R$이 단원집합이다."
앞으로 이 책에서는 위의 공리를 일일이 언급함이 없이 이용할 것이다.

[참고] 위의 정리를 유한집합과 무한 집합의 정의로 택할 수 있다. 다시 말하면 집합 X에 대하여 $X=\varnothing$ 또는 X와 적당한 집합 $\mathbb{N}_k$ 사이에 일대일 대응이 존재하면, 그리고 그 때에만 X는 유한집합이며 유한집합이 아닌 집합 X는 무한집합이라고 정의할 수 있다.

정리1.7 A가 무한집합이면 $A\times A$도 무한집합이다.

증명 A가 무한집합이면 단사함수 $f:A\to A$가 존재하여 $f(A)\neq A$를 만족한다. 함수 $g:A\times A\to A\times A$를 다음과 같이 정의하면

$$\forall\,(a,b)\in A\times A,\quad g(a,b)=(f(a),f(b))$$

g는 단사이고 $g(A\times A)\neq A\times A$. 그러므로 $A\times A$는 무한집합이다. ◁

연습문제 4.1

1. 세 집합 $\mathbb{Z}$, $\mathbb{Q}$, $\mathbb{R}$ 은 모두 무한집합임을 증명하여라.

2. 유한개의 유한집합의 합집합은 유한집합이다. 이것을 증명하여라.

3. 두 집합 A, B에 대하여 $A \cup B$가 무한집합이면 A, B중 적어도 하나는 무한집합이다. 이것을 증명하여라.

§4.2 집합의 대등

두 유한집합 X, Y에 대하여 일대일 대응 $f : X \to Y$가 존재할 때 X와 Y는 같은 수의 원소를 지닌다. 그런데 X와 Y가 무한집합이면 「같은 수의 원소」라는 표현이 유한집합처럼 맞지 않더라도 일대일 대응 관계에 있는 두 집합의 「크기」는 같다고 자연스럽게 생각할 수 있다. 우리의 이러한 직관을 다음과 같은 형식으로 나타낸다.

정의2.1 두 집합 X, Y에 대하여 일대일 대응 $f : X \to Y$가 존재할 때 X와 Y는 **대등**(equipotent)하다고 말하고 이것을

$$X \sim Y \text{ (혹은 } f : X \sim Y)$$

로 나타낸다.

예제2.1 각 집합은 분명히 자기 자신과 대등하다. 또 일대일 대응의 역함수는 일대일 대응이므로 $X \sim Y$이면, $Y \sim X$를 만족한다.

정리2.1 집합들의 집합 $\mathfrak{I}$ 위의 관계 $\mathfrak{R}$을, $\mathfrak{I}$의 임의의 구성원 X, Y에 대하여

$$(X, Y) \in \mathfrak{R} \iff X \sim Y$$

로 정의하면, $\mathfrak{R}$은 $\mathfrak{I}$ 위의 하나의 동치관계이다.

증명 $\mathfrak{R}$은 추이적이다. 왜냐하면 다음이 성립한다.

$$f : X \sim Y \text{이고 } g : Y \sim Z \text{이면 } g \circ f : X \sim Z. \ \lhd$$

예제2.2 다음이 성립함을 보여라.

(1) $(0,1) \sim (-1,1)$ (2) $(-1,1) \sim \mathbb{R}$, $(0,1) \sim \mathbb{R}$

풀이 (1) $f(x) = 2x - 1$로 주어진 함수 $f : (0,1) \to (-1,1)$는 일대일 대응이다. 그러므로 $(0,1) \sim (-1,1)$

(2) $g(x) = \tan(\pi x/2)$로 주어진 삼각함수 $g : (-1,1) \to \mathbb{R}$은 일대일 대응이다. 그러므로 $(-1,1) \sim \mathbb{R}$ 이다.

대등관계 「$\sim$」은 추이적이므로 $(0,1)\sim(-1,1)$ 와 $(-1,1)\sim\mathbb{R}$ 으로부터 $(0,1)\sim\mathbb{R}$ 을 얻는다.

정리2.2 집합 X, Y, Z 와 W 에 대하여 $X\cap Z=\varnothing=Y\cap W$ 이고 $f: X\sim Y,\ g: Z\sim W$ 이면 다음이 성립한다.

$$f\cup g:(X\cup Z)\sim(Y\cup W)$$

(증명) 함수 $f: X\to Y,\ g: Z\to W$ 에 대하여 $X\cap Z=\varnothing$ 이므로 함수 $f\cup g:(X\cup Z)\sim(Y\cup W)$를 얻는다. 이 함수는 명백히 일대일 대응이다. ◁

정리2.3 집합 X, Y, Z 와 W 에 대하여 $X\sim Y,\ Z\sim W$ 이면 다음이 성립한다.

$$X\times Z\ \sim\ Y\times W$$

(증명) 두 함수를 $f: X\to Y,\ g: Z\to W$ 라 놓고
함수 $f\times g: X\times Z\to Y\times W$ 를 다음과 같이 정의하면

$$\forall(x,z)\in X\times Z,\ (f\times g)(x,z)=(f(x),g(z))$$

이 함수는 명백히 일대일 대응이다. ◁

정리2.4 $X\sim Y$ 이면 $\wp(X)\sim\wp(Y)$

(증명) $X\sim Y$ 이므로 함수 $f: X\sim Y$ 라 두고 함수 h 를 다음과 같이 정의하면

$$h:\wp(X)\to\wp(Y),\quad h(A)=f(A),\quad \forall A\in\wp(X),$$

이는 일대일 대응이다. ◁

정리2.5 $X\sim Y$이고 $Z\sim W$이면 $X^Z\sim Y^W$, 여기서 X^Z 는 Z에서 X로의 모든 함수들의 집합을 나타낸다.

(증명) $X\sim Y,\ Z\sim W$ 이므로 일대일 대응 $f: X\sim Y,\ g: Z\sim W$ 가 존재하고, 함수 ψ 를 다음과 같이 정의하면

$$\psi: X^Z\to Y^W,\ \psi(\alpha)=f\circ\alpha\circ g^{-1},\quad \forall\alpha\in X^Z$$

이는 일대일 대응이다. 이를 도식화하면 다음과 같다. ◁

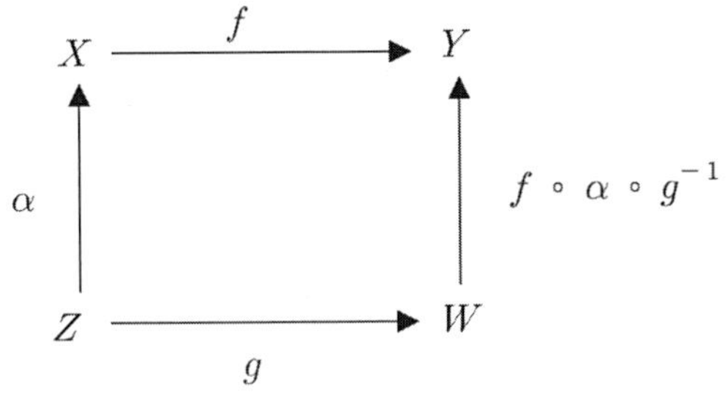

> **[참고]** 무한집합 $\mathbb{N}, \mathbb{Z}, \mathbb{Q}, \mathbb{R}$ 은 모두 집합 $\mathbb{N}_k$ 의 포함집합 임을 감안할 때 「가장 작은」 무한집합은 $\mathbb{N}$ 또는 $\mathbb{N}$ 과 대등한 임의의 집합일 것으로 여겨진다. 우리는 모든 무한집합이 $\mathbb{N}$ 과 대등한 것은 아님을 알게될 것이다.

정의2.2 **〈가부번집합과 가산집합〉**

집합 X 에 대하여 $X \sim \mathbb{N}$ 일 때 X 를 **가부번집합**(denumerable set)이라고 한다. 그리고 유한집합 또는 가부번집합을 **가산집합**(countable set)이라고 한다.

X 가 가부번집합이면 일대일 대응 $f : \mathbb{N} \to X$ 가 존재한다.
지금

$$f(1) = x_1,\ f(2) = x_2,\ f(3) = x_3, \ldots,\ f(n) = x_n, \ldots$$

이라고 놓을 때 집합 X 를 $\{x_1, x_2, \ldots, x_n, \ldots\}$와 같이 나타낼 수도 있다. 즉 점들을 첨자인 숫자들로 순서를 매길 수 있다.

이제 가산집합에서의 「가산」이란 뜻을 순조롭게 설명할 수 있다. 유한집합에 있어서는 그 원소들을 셀 수 있다는 것이 이론적으로 가능하므로 이 경우 「가산」은 적절한 용어라고 본다. 한편 가부번집합 $\{x_1, x_2, \ldots, x_n, \ldots\}$에 대해서는 비록 그 모든 원소들을 셀 수는 없을지라도 이 집합 X 와 자연수 또는 셀 수 있는 수들의 집합 사이에 일대일 대응이 존재한다.

정리2.6 가부번집합의 부분집합으로서 무한집합인 것은 가부번집합이다.

(증명) 가부번집합 X를 $\{x_1, x_2, \ldots, x_k, \ldots\}$으로 놓고 X의 무한 부분집합을 Y 라고 하자. 지금 Y 의 원소 중 첨자가 가장 작은 것을 n_1, 즉 $x_{n_1} \in Y$ 이라 놓는다.

다음에 집합 $Y - \{x_{n_1}\}$의 원소 중 첨자가 가장 작은 것을 n_2 즉 $x_{n_2} \in Y - \{x_{n_1}\}$. 이와 같이 $x_{n_{k-1}} \in Y$ 를 택한 뒤 원소 x_{n_k} 를 $Y - \{x_{n_1}, x_{n_2}, x_{n_3}, \ldots, x_{n_{k-1}}\}$ 중 첨자가 가장 작은 것으로 놓는다. 여기서 Y 는 무한집합이므로 각 $k \in \mathrm{N}$에 대하여 이 같은 x_{n_k} 는 항상 존재한다.

그러므로 각 $k \in \mathrm{N}$에 대하여 $Y - \{x_{n_1}, x_{n_2}, x_{n_3}, \ldots, x_{n_k}\} \neq \varnothing$.

따라서 각 $k \in \mathrm{N}$에 대하여 $f(k) = x_{n_k}$ 로서 정의되는 일대일 대응 $f : \mathrm{N} \to Y$를 얻는다.

그러므로 Y 는 가부번집합이다. ◁

따름정리 가산집합의 각 부분집합은 가산집합이다.

정리2.7 가부번집합 X와 유한집합 Y 에 대하여 $X \cup Y$는 가부번집합이다.

(증명) 유한집합 Y 를 $\{y_1, y_2, \ldots, y_n\}$이라 놓고 가부번집합 X를 $\{x_1, x_2, \cdots, x_n, \cdots\}$ 라고 놓으면 다음과 같이 정의된 함수는 일대일 대응이다.

$$f : \mathrm{N} \to X \cup Y, \; f(i) = \begin{cases} y_i, & i \leq n \\ x_{i-n} & i > n \end{cases} \quad \forall i \in \mathrm{N}. \; ◁$$

정리2.8 공집합이 아닌 집합 A에 대하여 A로부터 집합 $\{0,1\}$로의 모든 함수의 집합을 2^A 라고 할 때

$$\wp(A) \sim \{0,1\}^A$$

(증명) 함수 $F : \wp(A) \to \{0,1\}^A$ 를 다음과 같이 정의하면

$$\forall B \in \wp(A), \quad F(B) = \chi_B$$

일대일 대응이 된다. 자세한 증명은 연습문제로 둔다. ◁

연습문제 4.2

1. 두 집합 X, Y에 대하여 $X \times Y \sim Y \times X$ 임을 증명하여라.

2. 두 집합 X, Y에 대하여 $(X-Y) \sim (Y-X)$ 이면 $X \sim Y$ 임을 증명하여라.

3. $\{X_\gamma | \gamma \in \Gamma\}$, $\{Y_\gamma | \gamma \in \Gamma\}$ 가 각각 서로 소인 집합의 두 족일 때 모든 $\gamma \in \Gamma$ 에 대하여 $X_\gamma \sim Y_\gamma$ 이면 $\bigcup_{\gamma \in \Gamma} X_\gamma \sim \bigcup_{\gamma \in \Gamma} Y_\gamma$ 임을 증명하여라.

4. 가부번집합 X의 부분집합 Y가 유한집합이면 $X-Y$는 가부번집합임을 증명하여라.

5. 모든 짝수인 자연수의 집합 N_e와 모든 홀수인 자연수의 집합 N_o는 각각 가부번집합임을 증명하여라.

6. 가부번집합 X에 대하여 $g : X \to \mathrm{N}$ 이고 Y는 X의 무한 부분집합일 때 함수 $h : Y \to \mathrm{N}$을 다음과 같이 정의한다.

$$h(y) = (\ \{1, 2, 3, \cdots, g(y)\} \cap g(Y) \text{ 의 원소의 개수 })$$

이 경우 h는 일대일 대응으로서 Y는 가부번집합인 것을 증명하여라.

§4.3 가부번집합의 성질

모든 짝수인 자연수의 집합 N_e 와 모든 홀수인 자연수의 집합 N_o 은 각각 가부번집합이다. 이 두 가부번집합의 합집합은 N 이고 N 은 가부번집합이다. 그러므로 우리는 다음 정리를 예측할 수 있다.

정리3.1 두 가부번집합의 합집합은 가부번집합이다.

증명 임의의 두 가부번집합 A, B 에 대하여 다음 두 경우에 $A \cup B$ 가 가부번집합임을 보이기로 한다.

(1) $A \cap B = \varnothing$ 인 경우.

$A \sim \mathrm{N}$ 이고 $\mathrm{N} \sim \mathrm{N}_o$ 이므로 $A \sim \mathrm{N}_o$. 마찬가지로 $B \sim \mathrm{N}_e$.

따라서 $(A \cup B) \sim (\mathrm{N}_e \cup \mathrm{N}_o)$. 여기서 $\mathrm{N}_e \cup \mathrm{N}_o = \mathrm{N}$. 그러므로 $A \cup B \sim \mathrm{N}$. 따라서$A \cup B$ 는 가부번집합이다.

(2)$A \cap B \neq \varnothing$ 인 경우

$C = B - A$ 라고 놓으면 $A \cup C = A \cup B$ 이고 $A \cap C = \varnothing$. 여기서 집합 $C(\subset B)$ 는 유한집합 또는 가부번집합이다. C가 유한집합이면 $A \cup C$ 〈정리2.7〉에 의하여 가부번집합이다. 한편 C가 가부번집합이면 경우 (1)에 의하여 $A \cup C$ 는 가부번집합이다. 그러므로 $A \cup B$ 는 가부번집합이다. ◁

따름정리 $A_1, A_2, \ldots, A_n$ 들이 가부번집합이면 $\bigcup_{k=1}^{n} A_k$ 도 가부번집합이다.

예제3.1 모든 정수의 집합 $\mathbb{Z}$ 는 가부번집합이다.

정리3.2 집합 $\mathrm{N} \times \mathrm{N}$ 은 가부번집합이다.

증명 함수 $f : \mathrm{N} \times \mathrm{N} \to \mathrm{N}$ 을 각 $(j,k) \in \mathrm{N} \times \mathrm{N}$ 에 대하여

$$f(j,k) = 2^j 3^k$$

로 정의하면 이 함수는 단사이다. 그러므로 $\mathrm{N}\times\mathrm{N} \sim f(\mathrm{N}\times\mathrm{N})$, 여기서 $f(\mathrm{N}\times\mathrm{N}) \subset \mathrm{N}$. 그런데 $\mathrm{N}\times\mathrm{N}$ 은 무한집합이므로 $f(\mathrm{N}\times\mathrm{N})$ 도 무한집합이다. 따라서 $f(\mathrm{N}\times\mathrm{N})$ 이 가부번집합이다. 그러므로 $\mathrm{N}\times\mathrm{N}$ 도 가부번집합이다. ◁

정리3.3 각 $k\in\mathrm{N}$ 에 대하여 A_k 가 가부번집합으로서 모든 $j,k\in\mathrm{N}$ 에 대하여 $j\neq k$ 이면 $A_j\cap A_k=\varnothing$ 일 때

$$A=\bigcup_{k\in\mathrm{N}} A_k$$

는 가부번집합이다.

(증명) 각 $k\in\mathrm{N}$ 에 대하여 함수 $f_k:\mathrm{N}\to\mathrm{N}\times\{k\}$ 를 $(\forall j\in\mathrm{N})\ f_k(j)=(j,k)$ 로 정의하면 이 함수는 일대일 대응이다. 즉 $\mathrm{N}\sim\mathrm{N}\times\{k\}$. 여기서 각 $k\in\mathrm{N}$ 에 대하여 $A_k\sim\mathrm{N}$ 이므로 $A_k\sim\mathrm{N}\times\{k\}$. 따라서 $\bigcup_{k\in\mathrm{N}} A_k \sim \bigcup_{k\in\mathrm{N}}(\mathrm{N}\times\{k\})$.

한편 $\bigcup_{k\in\mathrm{N}} \mathrm{N}\times\{k\}$ 는 가부번집합 $\mathrm{N}\times\mathrm{N}$ 과 같다. 따라서 $\bigcup_{k\in\mathrm{N}} A_k$ 는 가부번집합이다. ◁

예제3.2 모든 유리수의 집합 $\mathbb{Q}$ 는 가부번집합이다.

(증명) 각 유리수를 p/q 와 같이 일의적으로 나타낸다. 여기서$p\in\mathbb{Z}$, $q\in\mathrm{N}$ 이고 p 와 q 의 최대공약수는 1이다.

지금 $\mathbb{Q}^+=\{p/q\mid p/q>0\}$, $\mathbb{Q}^-=\{-p/q\mid p/q\in\mathbb{Q}^+\}$로 각각 놓으면 $\mathbb{Q}=\mathbb{Q}^+\cup\{0\}\cup\mathbb{Q}^-$. 그런데 $\mathbb{Q}^+\sim\mathbb{Q}^-$. 따라서 $\mathbb{Q}$ 가 가부번집합인 것을 보이려면 $\mathbb{Q}^+$ 가 가부번집합임을 보이면 충분하다. 여기서 $f:\mathbb{Q}^+\to\mathrm{N}\times\mathrm{N}$ 를 $f(p/q)=(p,q)$ 로 정의하면 이 함수는 단사이다. 그러므로 $\mathbb{Q}^+\sim f(\mathbb{Q}^+)$.

한편 $f(\mathbb{Q}^+)\subset\mathrm{N}\times\mathrm{N}$. 또 $\mathbb{Q}^+$는 무한집합 N 의 포함집합이므로 무한집합이다. 따라서 $f(\mathbb{Q}^+)$는 가부번집합 $\mathrm{N}\times\mathrm{N}$ 의 무한집합이므로 가부번집합이다. $\mathbb{Q}^+\sim f(\mathbb{Q}^+)$이므로 $\mathbb{Q}^+$는 가부번집합이다. ◁

다음 정리는 무한집합 중 가부번집합이 그 「크기」에 있어서 가장 작다는 것을 지적하고 있다.

정리3.4 임의의 무한집합에 대하여 그 부분집합으로서 가부번집합인 것이 존재한다.

(증명) 임의의 주어진 무한집합을 X 라고 놓으면 $X \neq \varnothing$, 지금 집합 X 에서 하나의 원소 x_1을 택한다. 다음에 집합 $X-\{x_1\}$ 에서 택한 하나의 원소를 x_2 라고 한다. 마찬가지로 공집합이 아닌 집합 $X-\{x_1, x_2\}$ 에서 하나의 원소 x_3 을 택한다. 이와 같이 원소 x_{k-1} 를 정의한 다음 집합 $X-\{x_1, x_2, \ldots, x_{k-1}\}$ 의 원소 하나를 x_k 라고 한다. 각 $k \in \mathrm{N}$ 에 대하여 이러한 x_k 는 존재한다. 왜냐하면 X 는 무한집합이므로 $X-\{x_1, x_2, \ldots, x_{k-1}\} \neq \varnothing$ 이기 때문이다. 여기서 집합 $Y=\{x_k | k \in \mathrm{N}\}$은 X의 가부번 부분집합이다. ◁

정리3.5 A, B 가 가부번집합이면 $A \times B$ 도 가부번집합이다.

(증명) 함수 $f : \mathrm{N} \sim A$, $g : \mathrm{N} \sim B$ 라 하면

$$\forall (m, n) \in \mathrm{N} \times \mathrm{N}, \ (f \times g)(m, n) = (f(m), g(n))$$

으로 정의된 함수 $f \times g : \mathrm{N} \times \mathrm{N} \to A \times B$ 는 일대일 대응이다. 따라서 $A \times B$ 는 가부번집합이다. ◁

연습문제 4.3

1. 모든 정수의 집합 $\mathbb{Z}$ 는 가부번집합임을 증명하여라.

2. 유한개의 가산집합들의 합집합은 가산집합임을 증명하여라.

3. A, B 가 각각 가부번집합이면 $A \times B$ 도 가부번집합임을 증명하여라. 특히 $\mathbb{Z} \times \mathbb{N}$, $\mathbb{Z} \times \mathbb{Z}$, $\mathbb{Q} \times \mathbb{Q}$ 는 모두 가부번집합임을 증명하여라.

4. 함수 $f : \mathbb{Q} \to \mathbb{Z} \times \mathbb{N}$ 로서 단사인 것 하나를 구함으로써 $\mathbb{Q}$ 가 가부번집합임을 별도로 증명하여라.

5. 카테시안 평면에서 중심의 좌표와 반지름의 길이가 모두 유리수인 원 전체의 집합은 가부번집합임을 증명하여라.

6. 각 $k \in \mathbb{N}$ 에 대하여 B_k 가 가부번집합이면 $\bigcup_{k \in \mathbb{N}} B_k$ 도 가부번집합임을 증명하여라.

7. $\mathbb{N} \cup (\mathbb{N} \times \mathbb{N}) \cup (\mathbb{N} \times \mathbb{N} \times \mathbb{N}) \cup \cdots \cup (\underbrace{\mathbb{N} \times \mathbb{N} \times \cdots \times \mathbb{N}}_{k-\text{번}})$는 가부번집합이다.

§4.4 비가부번집합

지금까지 보아온 무한집합은 모두 가부번집합이었으므로 우리는 모든 무한집합이 모두 가부번집합일 것으로 생각할 지도 모른다. 칸토르가 처음 집합론을 발전시킬 때 모든 무한집합은 가부번집합임을 증명하려고 노력하였을 것이다. 그러나 그는 비가부번집합이 존재한다는 것을 증명하였다.

정리4.1 A 와 B 가 대등한 집합일 때 A 가 비가부번집합이면 B 도 비가부번집합이다. 이것을 증명하여라.

증명 B 가 가부번집합이라고 가정하면 $A \sim B$ 이므로 A 도 가부번집합이다. 따라서 이는 모순명제이다. ◁

정리4.2 실수의 임의의 개구간 (a,b) 는 비가부번집합이다.

증명 임의의 개구간 (a,b) 에 대하여 $(a,b) \sim (0,1)$ 이므로 개구간 $(0,1)$ 이 비가부번집합임을 보이면 충분하다. 먼저 각 수 $x \in (0,1)$ 를 $0.x_1x_2x_3\cdots$ 와 같은 꼴의 소수로 전개한다. 여기서 각 $n \in \mathrm{N}$ 에 대하여 $x_n \in \{0,1,2,\ldots,9\}$.

이를테면 $1/3 = 0.333\cdots$, $\sqrt{2}/2 = 0.707106\cdots$. 이 경우 유한소수로 전개된 수도 무한소수로 일의적으로 나타내기 위하여 유한소수의 마지막 숫자에서 1을 줄이고 숫자 9를 잇달아 적도록 한다. 이를테면 유한소수 $1/4 = 0.25$는$0.25000\cdots$이 아니라 $0.24999\cdots$로 나타낸다. 이러한 약속 하에 구간 $(0,1)$ 의 두 수는 각각의 소수 전개에 있어서 대응하는 숫자들이 같으면, 그리고 그 때에만 이 두 수는 같다.

그러므로 두 수 $x = 0.x_1x_2x_3\cdots$, $y = 0.y_1y_2y_3\cdots$ 에 대하여

$$x \neq y \Leftrightarrow (\exists\, k \in \mathrm{N}),\ x_k \neq y_k$$

이다. 이 사실로부터 위 정리의 증명을 전개해 보자.

결론을 부정하여 $(0,1)$이 가부번집합이라고 가정한다. 그러면 일대일 대응인 함수 $f : \mathrm{N} \to (0,1)$ 가 존재함으로써 $(0,1)$의 모든 원소를 다음과 같이 나열할 수 있다.

$$f(1) = 0.a_{11}a_{12}a_{13}\cdots$$

$$(*) \quad \begin{aligned} f(2) &= 0.a_{21}a_{22}a_{23}\cdots \\ f(3) &= 0.a_{31}a_{32}a_{33}\cdots \\ &\ \vdots \\ f(k) &= 0.a_{k1}a_{k2}a_{k3}\cdots \\ &\ \vdots \end{aligned}$$

여기서 각 $j,k \in \mathbb{N}$ 에 대하여, $a_{jk} \in \{0,1,2,...,9\}$. 위와 같이 나열한 $f(k)$ 중에서 찾을 수 없는 하나의 수 $z \in (0,1)$를 다음과 같이 구성하여 $(0,1)$이 가부번집합이란 가정에 모순을 일으킴으로써 $(0,1)$이 비가부번집합인 것을 밝히고자 한다. 즉 각 $k \in \mathbb{N}$ 에 대하여

$$a_{kk} \neq 5 \text{ 이면 } z_k = 5\text{로}, \quad a_{kk} = 5 \text{ 이면 } z_k = 1$$

로 놓는다. 이 경우 분명히 $z = 0.z_1z_2z_3\cdots$은 $z \in (0,1)$이다. 모든 $k \in \mathbb{N}$에 대하여 $z_k \neq a_{kk}$이므로 $z \neq f(k)$. 따라서 $z \notin f(\mathbb{N})$. 그런데 $f(\mathbb{N}) = (0,1)$이므로 $z \notin (0,1)$. 이것은 $z \in (0,1)$에 모순이다. ◁

> [주] 위의 증명법을 **칸토르의 대각법**(diagonal method)이라고 부르는데 그 까닭은 다음과 같다. 즉 칸토르가 처음 생각한 이 방법은 (*)의 주대각선 위의 숫자들 $a_{11}, a_{22}, a_{33}, \cdots$를 근거로 하여 증명의 열쇠가 되는 수 $z = 0.z_1z_2z_3\cdots$를 구성할 수 있었기 때문이다.

따름정리 모든 실수의 집합 $\mathbb{R}$은 비가부번집합이다.

(증명) $(a,b) \sim (0,1)$ 과 $(0,1) \sim \mathbb{R}$ 을 이용하여 $(a,b) \sim \mathbb{R}$ 을 얻는다. 그런데 (a,b) 는 비가부번집합이므로 이 집합과 대등한 $\mathbb{R}$ 도 비가부번집합이다. ◁

정리4.3 모든 무리수의 집합은 비가부번집합이다.

(증명) 우리는 모든 유리수의 집합 $\mathbb{Q}$ 는 가부번집합임을 보인 바 있다. 모든 무리수의 집합은 정의에 의하여 집합 $\mathbb{R} - \mathbb{Q}$ 와 같거니와 $\mathbb{R} - \mathbb{Q}$ 가 유한집합이면 $\mathbb{R} = \mathbb{Q} \cup (\mathbb{R} - \mathbb{Q})$ 역시 가부번집합이므로 모순이다. 따라서 $\mathbb{R} - \mathbb{Q}$는 무한집합이다.

지금 $\mathbb{R}-\mathbb{Q}$ 가 비가부번집합인 것을 보이기 위하여 이 사실을 부정하여 $\mathbb{R}-\mathbb{Q}$ 가 가부번집합이라고 가정한다. 그러면 합집합 $(\mathbb{R}-\mathbb{Q})\cup\mathbb{Q}$ 즉 $\mathbb{R}$ 은 가부번집합이다. 이것은 $\mathbb{R}$ 이 비가부번집합이라는 사실에 모순이다. 따라서 모든 무리수의 집합 $\mathbb{R}-\mathbb{Q}$ 는 비가부번집합이다. ◁

정리4.4 비가부번집합의 임의의 포함집합은 비가부번집합이다.

(증명) 증명은 간단하므로 연습문제로 둔다.

연습문제 4.4

1. A 와 B 가 대등한 집합일 때 A 가 비가부번집합이면 B 도 비가부번집합임을 증명하여라.

2. 비가부번집합의 임의의 포함집합은 비가부번집합임을 증명하여라.

3. 0 과 1 사이의 모든 무리수의 집합은 비가부번집합임을 증명하여라.

제 2 부

제5장 기수
제6장 선택공리
제7장 서수

제 5 장

기 수

이 장에서는 기수의 개념을 소개하고 기수의 연산(덧셈, 곱셈, 거듭제곱)을 알아보는 과정에 있어서 유한기수와 초한기수의 성질 사이의 유사점과 차이점을 제시한다.

§5.1 기수의 개념

수의 개념은 일찍부터 우리의 생활에 지극히 자연스럽게 등장하였다. 이를테면 우리는 세 개의 사과와 세 개의 감귤 사이의 유사점을, 두 개의 손가락과 네 개의 손가락 사이의 차이점을 납득할 수 있었을 만큼 대부분의 사람들이 수의 개념을 지니고 있었으나 정확한 정의는 모르고 있었다. 이를테면

$$2+3=5,\ 3<4,\ 6\times 7=42$$

와 같은 것을 이미 알고 있으므로 사실 수가 무엇인가를 알아야 할 필요성을 느끼지 못한다. 마치 장기를 두는 사람에게 있어서 포 자체가 무엇인지에 관심을 두느니보다 오히려 그것의 역할에 대하여 생각하듯이 알아야 할 것은 등식, 두 수 사이의 순서, 수의 셈을 할 수 있는 방법 등이다. 그러므로 여기서도 **기수**(cardinal number)가 무엇이라고 정의를 내리느니보다 기수를 집합의 「**크기**(size)」에 상관된 근본적 개념으로서 도입한다.

<기수의 공리(axiom of cardinatily)>

C_1. 각 집합 A 에 대하여 $\mathrm{card}(A)$ (혹은 $\#(A)$, $|A|$)로 표시된 하나의 기수가 되고, 각 기수 a 에 대하여 $\mathrm{card}(A)=a$ 인 집합 A 가 존재한다.

C_2. $A=\varnothing$ 이면, 그리고 그 때에만 $\mathrm{card}(A)=0$.

C_3. A 가 공집합이 아닌 유한집합 즉 적당한 $n\in\mathbb{N}$ 에 대하여

$A \sim \{1,2,3,\ldots,n\}$ 이면 $\text{card}(A)=n$.

C_4. 임의의 두 집합 A, B에 대하여 $A \sim B$이면 그리고 그때에만 $\text{card}(A)=\text{card}(B)$.

위의 공리 중 C_2 와 C_3 은 유한집합의 기수에 대한 정의이다. 즉 유한집합의 기수는 그 집합의 원소의 개수를 말한다. 한편 C_1, C_4 는 흔히 공리론적 집합론에서의 공리로 제시된다. 따라서 초보자가 이 두 규칙을 받아들이기에는 다소 어려울지 모른다. 그러나 이러한 어려움은 학생들이 미적분학 과목을 반쯤 공부하고서야 그 과목의 내용이 무엇인가를 알 수 있었듯이 앞으로 공부함에 따라 서서히 극복될 것이다.

이 단계에서는 집합 A 의 기수란 대강 이 집합과 대등한 모든 집합들이 공통으로 지니고 있는 성질이라고 말할 수 있을 것이다.

정의1.1 **〈유한기수와 초한기수〉**

유한집합의 기수를 **유한기수**(finite cardinal number)라하고 무한집합의 기수를 **초한기수**(transfinite cardinal number)라고 한다.

앞 절의 공리 C_2, C_3 은 유한기수가 분명히 음이 아닌 정수임을 보여 주고 있다. 따라서 유한기수는 (자연수로부터)물려 받은 자연스러운 순서

$$0 < 1 < 2 < 3 < \cdots < n < n+1 < \cdots$$

를 지닌다. 한편 임의의 두 초한기수에 대해서는 C_4 에 의하여 어느 때 그들이 같고 어느 때 같지 않다는 것을 알 수 있다. 그러나 이런 것만으로 만족할 것이 아니라 그들이 같지 않을 때에는 어느 것이 다른 것보다 더 작은가를 말할 필요가 있다.

정의1.2 집합 A,B 에 대하여 A 가 B 의 하나의 부분집합과 대등할 때 「card(A) 는 card(B) 보다 작거나 같다」라고 말하고 이것을 다음과 같이 나타낸다.

$$\text{card}(A) \leqslant \text{card}(B)$$

또한, A 가 B 의 하나의 부분집합과 대등하지만 B 는 A 의 어느 부분집합과도 대등하지 않을 때 「card(A) 는 card(B) 보다 작다」라고 말하고 이것을 다음과 같이 나타낸다.

$$\text{card}A < \text{card}B$$

초한기수의 순서에 관하여 내린 이 정의는 또한 유한기수에 대해서도 적용된다. 그리고 유한기수에 적용될 때 그 결과는 앞에서 언급한 것과 같이 자연스러운 순서와 같다.

예제1.1 두 집합 A,B에 대하여 단사 $f:A\to B$ 가 존재하면, 그리고 그때에만 $\mathrm{card}(A)\leqslant\mathrm{card}(B)$.

예제1.2 $\mathrm{card}(\mathbb{N})<\mathrm{card}(\mathbb{R})$ 임을 증명하여라.

(증명) 집합 $\mathbb{N}$은 $\mathbb{R}$의 부분집합이므로 $\mathbb{N}$은 $\mathbb{R}$의 부분집합 $\mathbb{N}$과 대등하다. 즉 $\mathbb{N}\sim\mathbb{N}$. 그러나 제4장에서 알아본 바와 같이 집합 $\mathbb{R}$은 비가부번집합이다. 그러므로 $\mathbb{R}$은 $\mathbb{N}$의 임의의 부분집합과 대등하지 않다.
따라서 정의에 의하여 $\mathrm{card}(\mathbb{N})<\mathrm{card}(\mathbb{R})$. ◁

그러나 집합 A가 집합 B의 부분집합과 대등하고 B가 A의 부분집합과 대등할 때 기수 $\mathrm{card}(A)$와 $\mathrm{card}(B)$를 비교할 수 있는 방법은 분명하지 않다. 그러나 이 경우 칸토르는 $\mathrm{card}(A)$와 $\mathrm{card}(B)$는 같다고 예측하였다. 오늘날 이 결과는 칸토르-베른슈타인의 정리로 알려져 있다.

정리1.1 **〈칸토르-베른슈타인의 정리〉**
임의의 집합 A,B에 대하여 A가 B의 부분집합과 대등하고 B가 A의 부분집합과 대등하면 A와 B는 대등하다. 이를 수식으로 표시하면

$$\mathrm{card}(A)\leqslant\mathrm{card}(B)\wedge\mathrm{card}(B)\leqslant\mathrm{card}(A)$$
$$\Rightarrow\mathrm{card}(A)=\mathrm{card}(B)$$

우선 위 정리의 특별한 경우에 해당하는 다음 보조정리를 증명한다. 정리의 증명은 이 보조정리로부터 쉽게 유도된다.

보조정리1 집합 $B\subset A$에 대하여 단사 $f:A\to B$ 가 존재하면 전단사 $h:A\to B$ 가

존재한다.

(증명) (1) $B=A$ 인 경우

A 위의 항등함수 I_A 를 전단사 h 로 보면 증명된다.

(2) B가 A 의 진부분집합일 때.

C를 집합 $\bigcup_{n\geq 0} f^n(A-B)$ 로 두자. 여기서 f^0 은 A 위의 항등함수이고 각 양의 정수 $k\in\mathbb{Z}^+$ 와 각 $x\in A$ 에 대해서는

$$f^k(x)=f(f^{k-1}(x))$$

로 정의한다. 함수 $h : A\rightarrow B$를 다음과 같이 정의한다.

각 $z\in A$ 에 대하여

$$h(z)=\begin{cases} f(z), & z\in C \\ z, & z\in A-C \end{cases}$$

여기서 $A-B\subset C$ 이고 $f(C)\subset C$. 또 서로 다른 음이 아닌 정수 m,n 에 대하여, $m < n$ 이라면

$$f^m(A-B)\cap f^n(A-B)=\varnothing$$

왜냐하면 $A-B$의 두 원소 x,y 가 존재하여 $f^m(x)=f^n(y)$라고 가정하면

(1) $f^{n-m}(y)\in f^{n-m}(A-B)\subset B$

(2) $f^m(x)=f^n(y)=f^m\left(f^{n-m}(y)\right)$이고 f가 단사이므로 $x=f^{n-m}(y)$.

위 사실 (1), (2)로부터 $x\in B$. 한편 $x\in A-B$ 이므로 $x\notin B$. 이것은 모순이다. 그러므로 $f^m(A-B)\cap f^n(A-B)=\varnothing$.

함수 h 의 정의와 마지막 결론에 의하여 다음이 성립한다.

$$\begin{aligned} h(A) &= (A-C)\cup f(C) \\ &= \left[A-\bigcup_{n\geq 0} f^n(A-B)\right]\cup f\left(\bigcup_{n\geq 0} f^n(A-B)\right) \\ &= \left[A-\bigcup_{n\geq 0} f^n(A-B)\right]\cup\left(\bigcup_{n\geq 1} f^n(A-B)\right) \\ &= A-f^0(A-B) \\ &= A-(A-B) \\ &= B \end{aligned}$$

그러므로 $h(A)=B$. 여기서 f 는 단사이므로 $h : A\rightarrow B$는 전단사이다. ◁

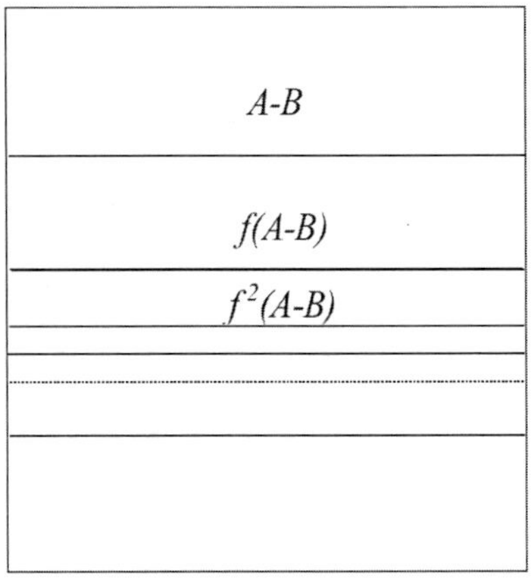

〈그림 17〉

위 증명에 대한 중요한 개념을 앞쪽의 〈그림 17〉로 나타낼 수 있다. 그림에서 가장 큰 직사각형은 집합 A를 뜻한다.

〈정리 1.1의 증명〉 집합 $A_0 \subset A$, $B_0 \subset B$에 대하여 $A \sim B_o$, $B \sim A_0$라 하면 전단사 $f_0 : A \to B_0$와 $g_0 : B \to A_0$가 존재한다. 함수 $f : A \to A_0$를 $f(x) = g_0(f_0(x))$로 정의하면 이는 단사함수이다. 그러므로 보조정리에 의하여 전단사 $h : A \to A_0$이 존재한다. 따라서 두 전단사 $h : A \to A_0$ 와 $g_0^{-1} : A_0 \to B$의 합성함수 $g_0^{-1} \circ h : A \to B$는 전단사이다. ◁

지금까지 초한기수에 대해서는 단지 card(N), card(ℝ)만을 보아왔으므로 초한기수에 관하여 극히 조금밖에 알지 못한다. 이 두 기수 이외의 초한기수가 있는지의 여부에 대한 답은 다음절에서 언급하기로 한다. 사실 서로 다른 초한기수는 한없이 많이 존재한다. 한편 서로 다른 두 유한기수 m, n에 대하여 $m \leqslant n$ 또는 $m \geqslant n$이 성립한다. 이러한 주장이 초한기수에 대해서도 참인가의 의문은 또 다른 주요한 질문이 된다.

정리1.2 집합 A, B, C에 대하여

(1) $\mathrm{card}(A) \leqslant \mathrm{card}(B)$ 이고 $\mathrm{card}(B) \leqslant \mathrm{card}(C)$ 이면
$\mathrm{card}(A) \leqslant \mathrm{card}(C)$.

(2) $\mathrm{card}(A) < \mathrm{card}(B)$ 이고 $\mathrm{card}(B) < \mathrm{card}(C)$ 이면

$\mathrm{card}(A) < \mathrm{card}(C)$

(증명) 증명은 연습문제로 둔다.

정리1.3 임의의 초한기수 a 에 대하여 $\mathrm{card}(\mathrm{N}) \leqslant a$ 이다. 즉 $\mathrm{card}(\mathrm{N})$는 가장 작은 초한기수이다.

(증명) 증명은 연습문제로 둔다.

연습문제 5.1

1. $A = \{a,b,c\}$, $B = \{1,2\}$ 에 대하여 다음을 구하여라.

$$\mathrm{card}(A),\ \mathrm{card}(B),\ \mathrm{card}(A \times B),\ \mathrm{card}(B^A)$$

2. 다음 세 집합의 기수를 차례로 구하여라.

$$\{\varnothing\},\ \{\varnothing,\{\varnothing\}\},\ \{\varnothing,\{\varnothing\},\{\varnothing,\{\varnothing\}\}\}$$

3. 임의의 유한기수 n 에 대하여 $n < \mathrm{card}(\mathbb{N})$ 임을 증명하여라.

4. 임의의 초한기수 a 에 대하여 $\mathrm{card}(\mathbb{N}) \leqslant a$ 임을 증명하여라. 따라서 $\mathrm{card}(\mathbb{N})$는 가장 작은 초한기수이다.

5. 두 집합 A, B에 대하여 단사 $f : A \to B$ 가 존재하면 그리고 그때에만 $\mathrm{card}(A) \leqslant \mathrm{card}(B)$ 임을 증명하여라.

6. 집합 A, B, C에 대하여 다음을 증명하여라.
   (1) $\mathrm{card}(A) \leqslant \mathrm{card}(B)$ 이고 $\mathrm{card}(B) \leqslant \mathrm{card}(C)$ 이면
   $\mathrm{card}(A) \leqslant \mathrm{card}(C)$.
   (2) $\mathrm{card}(A) < \mathrm{card}(B)$ 이고 $\mathrm{card}(B) < \mathrm{card}(C)$ 이면
   $\mathrm{card}(A) < \mathrm{card}(C)$.

7. 두 집합 A, B 에 대하여 $A \subset B$ 이면 $\mathrm{card}(A) \leqslant \mathrm{card}(B)$ 임을 증명하여라.

8. 집합 A, B, C에 대하여 $A \subset B \subset C$, $A \sim C$이면 $A \sim B$ 임을 증명하여라.

§5.2 멱집합의 기수

집합 X에 대하여 그 멱집합 $\wp(X)$는 X의 모든 부분집합의 집합임을 알고 있다. 칸토르는 $\text{card}(X) < \text{card}(\wp(X))$ 인 것을 증명하였고 이 정리의 의의는 많은 새로운(초한) 기수를 구성할 수 있다는 데에 있다. 이를테면 다음과 같이 초한기수들을 얻을 수 있다.

$$\text{card}(\mathbb{R}) < \text{card}(\wp(\mathbb{R})) < \text{card}(\wp(\wp(\mathbb{R}))) < \cdots$$

정리2.1 **〈칸토르의 정리〉** 임의의 집합 X에 대하여 다음이 성립한다.

$$\text{card}(X) < \text{card}(\wp(X))$$

(증명) (1) $X=\varnothing$ 이면 $\text{card}(\varnothing)=0$, 그러나 $\text{card}(\wp(\varnothing))=1$. 따라서 $\text{card}(\varnothing) < \text{card}(\wp(\varnothing))$

(2) $X\neq\varnothing$ 일 때, 함수 $g: X\to \wp(X)$를 다음과 같이 정의하자.

$$\forall x \in X,\ g(x)=\{x\}$$

함수 $g: X\to \wp(X)$ 는 단사이다. 그러므로 X는 $\wp(X)$의 부분집합 $\{\{x\}|x\in X\}$과 대등하다. 즉 $\text{card}(X) \preccurlyeq \text{card}(\wp(X))$.

$\text{card}(X) < \text{card}(\wp(X))$ 를 증명하려면 X가 $\wp(X)$와 대등하지 않다는 것을 보이면 충분하다.

전단사 $f: X\to \wp(X)$가 존재한다고 가정함으로써 모순을 유도하기로 한다. 집합 $S=\{x \in X|x \notin f(x)\}$ 즉 원소 $x \in X$로서 f에 의한 상 $f(x)$에 속하지 않는 것의 집합 S를 생각하면, $S\in \wp(X)$ 이고 함수 $f: X\to \wp(X)$가 전사이므로 적당한 $e \in X$가 존재하여 $f(e)=S$. 여기서 두 경우 $e \in S$, $e \notin S$를 생각하자.

(1) $e \in S$ 인 경우

집합 S의 정의에 따라 $e \notin f(e)$. 한편 $f(e)=S$ 이고 $e\in S$ 이므로 $e\in f(e)$. 이것은 $e \notin f(e)$에 모순이다.

(2) $e \notin S$ 인 경우

$f(e)=S$ 이므로 $e \notin f(e)$. 한편 S의 정의에 의하여 $e\in S$ 이므로 $e\in f(e)$. 이것 또한 $e \notin f(e)$에 모순이다.

따라서 어떤 전단사 $f : X \sim \wp(X)$ 도 존재하지 않는다. ◁

<연속체문제(continuum problem)>

칸토르의 정리의 관점에서 볼 때 지극히 자연스러운 의문이 생길 수 있었는데 그것은 다음과 같다. 즉

card(N) < x < card($\wp$(N))를 만족시키는 기수 x 가 존재하겠는가?

「**연속체문제**」로 불리는 이 의문은 장기간 칸토르와 그 밖의 다른 수학자들의 주목을 끌었다. 이 문제에 관한 더 많은 것은 뒤에서 다루기로 한다.

따름정리 임의의 가부번집합 A 에 대하여 A 의 멱집합 $\wp(A)$는 비가부번집합이다.

연습문제 5.2

1. 가장 큰 기수는 존재하지 않는다는 것을 보여라.

2. 집합 A, B 에 대하여 $A \sim B$ 이면 $\mathrm{card}(\wp(A)) \preccurlyeq \mathrm{card}(\wp(B))$ 임을 증명하여라.

3. 임의의 가부번집합 A 에 대하여 A 의 멱집합 $\wp(A)$는 비가부번집합임을 증명하여라.

§5.3 기수의 덧셈

유한기수에 대한 기본연산은 이미 알고 있다. 이를테면 k,l 이 두 유한기수일 때 합 $k+l$ 과 곱 kl 은 전통적 의미를 지니고 있다. 이러한 개념을 일반화하여 초한기수도 똑같이 다룰 수 있도록 시도하여 보자. 다시 말하여 유한기수 또는 초한기수 모두에 적용될 연산으로 발전시킴으로써 유한기수의 전통적 의미와 연산의 성질을 그대로 유지할 수 있도록 한다.

정의3.1 〈**기수합**(cardinal sum)〉

서로 소인 두 집합 A, B 의 기수를 각각 a, b 라고 할 때 $\text{card}(A\cup B)$를 a 와 b 의 **기수합**(cardinal sum)이라 하고 이것을 $a+b$ 로 나타낸다. 즉,

$$a+b=\text{card}(A\cup B)$$

위 정의의 타당성은 다음 정리로부터 나온다.

정리3.1 임의의 두 기수 a, b 에 대하여 다음이 성립한다.

(1) $\text{card}(A)=a$, $\text{card}(B)=b$ 를 만족하는 서로 소인 집합 A, B 가 존재한다.

(2) 집합 A, B, C, D 에 대하여

$$\text{card}(A)=\text{card}(C),\ \ \text{card}(B)=\text{card}(D),$$

$$A\cap B=\varnothing,\ \ C\cap D=\varnothing$$

이면 $\text{card}(A\cup B)=\text{card}(C\cup D)$.

증명 (1) 임의의 두 기수 a, b (서로 다르지 않더라도 무방하다)에 대하여 공리 C_1 에 의하여 집합 X, Y 가 존재하여 $\text{card}(X)=a$, $\text{card}(Y)=b$ 이다. $A=X\times\{0\}$, $B=Y\times\{1\}$ 라 하면 $A\sim X$, $B\sim Y$ 이고 $A\cap B=\varnothing$ 이다.
따라서 $a+b=\text{card}(A\cup B)$.

(2) 기수는 일의적으로 정의된다. 다른 서로 소인 집합 C, D 가 존재하여 $C\sim A$, $D\sim B$ 라고 가정하면 $(A\cup B)\sim(C\cup D)$이다. 따라서 $\text{card}(A\cup B)=\text{card}(C\cup D)$이다. ◁

다음 예제는 두 유한기수의 합은 우리가 알고 있는 두 자연수의 보통 합과 일치한다는 것을 보여준다.

예제3.1 유한기수 4 와 3 의 기수합 $4+3$ 을 구하여라.

풀이 $\mathrm{N}_7 = \mathrm{N}_4 \cup \{5,6,7\}$ 라 놓을 수 있다. 그러면 $\mathrm{card}(\mathrm{N}_4) = 4$, $\mathrm{card}(\{5,6,7\}) = 3$, $\mathrm{N}_4 \cap \{5,6,7\} = \varnothing$. 그러므로

$$4+3 = \mathrm{card}(\mathrm{N}_4 \cup \{5,6,7\}) = \mathrm{card}(\mathrm{N}_7) = 7.$$

이것은 두 자연수 4 와 3 의 합과 일치한다.

다음은 합집합에 관한 교환법칙, 결합법칙에 각각 상응하는 기수합의 성질을 나타낸 것이다.

정리3.2 임의의 기수 a, b, c 에 대하여 다음이 성립한다.

(1) **교환법칙** : $a+b = b+a$

(2) **결합법칙** : $(a+b)+c = a+(b+c)$

증명 (1) $a = \mathrm{card}(A)$, $b = \mathrm{card}(B)$, $A \cap B = \varnothing$ 라고 두면, $A \cup B = B \cup A$ 이므로 $A \cup B \sim B \cup A$. 따라서

$$a+b = \mathrm{card}(A \cup B) = \mathrm{card}(B \cup A) = b+a$$

(2) 서로 소인 세 집합 A, B, C 에 대하여

$$a = \mathrm{card}(A),\ b = \mathrm{card}(B),\ c = \mathrm{card}(C)$$

라면 $(A \cup B) \cup C \sim A \cup (B \cup C)$ 이다. 따라서

$$(a+b)+c = \mathrm{card}((A \cup B) \cup C) = \mathrm{card}((A \cup (B \cup C)) = a+(b+c). \ \triangleleft$$

칸토르에 따라 두 기호 $\aleph_0$ ($\aleph_0$는 히브리어 자모의 첫째 글자로서 **알레프 널** (aleph-null)이라고 읽음)과 c (혹은 $\aleph_1$)는 각 각 가부번집합의 기수와 실수의 집합을 뜻하는 연속체의 기수를 나타내는데 사용되어 왔다. 다시 말하면

$$\aleph_0 = \mathrm{card}(\mathrm{N}),\ c(=\aleph_1) = \mathrm{card}(\mathbb{R})$$

정리3.3 초한기수 $\aleph_0$ 에 대해서, $\aleph_0 + \aleph_0 = \aleph_0$.

증명 모든 짝수인 자연수의 집합 N_e 와 모든 홀수인 자연수의 집합 N_o 는 각각 집합 N 의 가부번 부분집합이고

$$\mathrm{N}_e \cup \mathrm{N}_o = \mathrm{N},\ \mathrm{N}_e \cap \mathrm{N}_o = \varnothing$$

이므로 정의에 의하여

$$\begin{aligned}\aleph_0 + \aleph_0 &= \mathrm{card}(\mathrm{N}_e) + \mathrm{card}(\mathrm{N}_o)\\ &= \mathrm{card}(\mathrm{N}_e \cup \mathrm{N}_o)\\ &= \mathrm{card}(\mathrm{N})\\ &= \aleph_0\end{aligned}$$

그러므로 $\aleph_0 + \aleph_0 = \aleph_0$. ◁

위 정리의 결과는 초한기수의 독특한 성질이다. 이미 아는 바와 같이 유한기수 m, n 에 대하여 $n+m=n$ 이 참인 것은 $m=0$ 일 때 뿐이다.

예제3.2 임의의 유한기수 n에 대하여 다음이 성립한다.

(1) $n + \aleph_0 = \aleph_0$

(2) $n + c = c$

예제3.3 기수합 $\aleph_0 + c$ 를 구하여라.

풀이 개구간 $(0,1)$ 과 실수의 집합 $\mathbb{R}$ 은 대등하므로 $\mathrm{card}(0,1) = \mathrm{card}(\mathbb{R}) = \mathrm{c}$. 즉 $\mathrm{card}(0,1) = \mathrm{c}$ 이다.

집합 $S = \mathrm{N} \cup (0,1)$로 놓으면 $\mathrm{N} \cap (0,1) = \varnothing$ 이므로 $\mathrm{card}(\mathrm{S}) = \aleph_0 + c$이다. 한편 $(0,1) \subset S$에 대하여 $\mathbb{R} \sim (0,1)$ 이고 $S \subset \mathbb{R}$ 에 대하여 $S \sim S$ 이므로 칸토르-베른슈타인의 정리에 의하여 $\mathbb{R} \sim S$. 그러므로 $S \sim \mathbb{R}$ 따라서 $\aleph_0 + c = c$.

예제3.4 기수합 $c + c$ 를 구하여라.

연습문제 5.3

1. 임의의 기수 x에 대하여 $x+0=x$ 임을 증명하여라.

2. 임의의 기수 x, y에 대하여 $x+y=y+x$ 임을 증명하여라.

3. 임의의 기수 x, y, z에 대하여 $(x+y)+z=x+(y+z)$ 임을 증명하여라.

4. 임의의 유한기수 n에 대하여 다음이 성립함을 증명하여라.

   (1) $n+\aleph_0=\aleph_0$

   (2) $n+c=c$

5. $c+c=c$ 임을 증명하여라.

6. 임의의 기수 x, y, z에 대하여 다음 물음에 답하여라.

   (1) $x \leqslant y$ 이면 $x+z \leqslant y+z$ 임을 증명하여라.

   (2) 위의 (1)에 있어서 「$\leqslant$」를 「$<$」로 바꿔 놓은 명제는 참이 아닐 수도 있다. 이것에 대한 보기(반례) 하나 들어라.

§5.4 기수의 곱

이제 기수의 곱을 정의한다. 그 방법은 유한기수에 대한 결과가 음이 아닌 정수의 보통 곱과 일치하도록 정의한다.

정의4.1 〈**기수곱**(cardinal product)〉

집합 A, B의 기수를 각각 a, b라고 할 때 $\mathrm{card}(A\times B)$를 a와 b의 **기수곱**(cardinal product)이라 하고 이것을 「ab」로 나타낸다. 즉 $ab=\mathrm{card}(A\times B)$

위 정의는 대표로 택한 집합 A, B와는 독립적이다. 이 사실은 집합 X, Y에 대하여 $A\sim X$, $B\sim Y$이라면 $A\times B\sim X\times Y$이므로 $\mathrm{card}(A\times B)=\mathrm{card}(X\times Y)$.

정리4.1 임의의 기수 x, y, z에 대하여 다음이 성립한다.

(1) **교환법칙** : $xy=yx$

(2) **결합법칙** : $(xy)z=x(yz)$

(3) **분배법칙** : $x(y+z)=xy+xz$

증명 (1),(2)는 연습문제로 둔다.

(3) $\mathrm{card}(X)=x$, $\mathrm{card}(Y)=y$, $\mathrm{card}(Z)=z$, $Y\cap Z=\varnothing$라 두면

$$X\times(Y\cup Z)=(X\times Y)\cup(X\times Z)$$

이므로

$$\begin{aligned}x(y+z)&=\mathrm{card}(X\times(Y\cup Z))\\&=\mathrm{card}((X\times Y)\cup(X\times Z))\\&=xy+xz.\ \triangleleft\end{aligned}$$

예제4.1 임의의 기수를 a라고 할 때 다음을 증명하여라.

(1) $1a=a$ (2) $0a=0$ (3) $\aleph_0\aleph_0=\aleph_0$

풀이 기수가 x인 집합을 A라고 하자.

(1) $\{1\}\times A \sim A$ 이므로 $\operatorname{card}(\{1\}\times A)=\operatorname{card}(A)$. 따라서

$$1a=\operatorname{card}(\{1\}\times A)=\operatorname{card}A=a$$

(2) $\varnothing\times A=\varnothing$ 이므로

$$0a=\operatorname{card}(\varnothing\times A)=\operatorname{card}\varnothing=0.$$

(3) 〈정리 3.5〉에 의하여 $\mathrm{N}\times\mathrm{N}\sim\mathrm{N}$ 이므로

$$\aleph_0\aleph_0=\operatorname{card}(\mathrm{N}\times\mathrm{N})=\operatorname{card}\mathrm{N}=\aleph_0.$$

예제4.2 $cc=c$ 임을 증명하여라. 여기서 $c=\operatorname{card}(\mathbb{R})$.

(증명) 집합 $\mathbb{R}$ 과 실수의 단위 개구간 $(0,1)$의 기수는 모두 c 이다. 먼저 $cc\leqslant c$ 임을 확인하려면 $(0,1)\times(0,1)$로부터 개구간$(0,1)$로의 단사가 존재한다는 것을 보이면 충분하다. 그러기 위하여 각 $x\in(0,1)$을 무한소수로 나타나기로 한다. 이를테면 $1/2$ 은 0.5가 아니라 $0.4999\cdots$로 나타낸다. 이와 같이 구간 $(0,1)$에 속하는 각 수를 일의적으로 나타냄으로써 함수

$$f:(0,1)\times(0,1)\to(0,1)$$

를 다음과 같이 정의하면

$$f(0.x_1x_2x_3\cdots,\ 0.y_1y_2y_3\cdots)=0.x_1y_1x_2y_2x_3y_3\cdots$$

이 함수 $f:(0,1)\times(0,1)\to(0,1)$는 단사이다. 이 사실의 증명은 생략한다. 이로써 $cc\leqslant c$ 의 증명이 끝난다.

한편 $(0,1)\sim(0,1)\times\{1/2\}\subset(0,1)\times(0,1)$이므로 $cc\geqslant c$ 이다. 결국 $cc\leqslant c$ 이고 $cc\geqslant c$ 이므로 $cc=c$. ◁

정리4.2 기수 a,b,c 에 대하여 $a\leqslant b$ 이면 $ac\leqslant bc$.

(증명) $a=\operatorname{card}(A)$, $b=\operatorname{card}(B)$, $c=\operatorname{card}(C)$ 에 대하여 함수 $f:A\to B$를 단사라 하자. $h:A\times C\to B\times C$를 다음과 같이 정의하면

$$\forall(a,c)\in A\times C,\quad h(a,c)=(f(a),c)$$

이는 명백히 단사함수이다. 그러므로 $ac\leqslant bc$. ◁

정리4.3 유한기수n 에 대하여 $n\aleph_0 = \aleph_0$.

(증명) $\{1,2,\ldots,n\} \times \mathrm{N} \sim \mathrm{N}$ 은 명백하다. 그러므로

$$n\aleph_0 = \mathrm{card}(\{1,2,\ldots,n\} \times \mathrm{N}) = \mathrm{card}(\mathrm{N}) = \aleph_0.$$

연습문제 5.4

1. 임의의 기수 x, y, z에 대하여 다음을 증명하라.

   (1) $xy = yx$

   (2) $(xy)z = x(yz)$

2. 다음 명제를 증명하거나 또는 반증하여라.

   임의의 기수 x, y, z 에 대하여 $x < y$ 이고 $z \neq 0$ 이면 $xz < yz$

3. 기수 x, y 에 대하여 다음을 증명하여라.

   (1) $xy = 0$ 이면 $x = 0$ 또는 $y = 0$

   (2) $xy = 1$ 이면 $x = 1$ 또는 $y = 1$

4. 함수 $f : (0,1) \times (0,1) \rightarrow (0,1)$ 을

   $$f(0.x_1 x_2 x_3 \cdots,\ \ 0.y_1 y_2 y_3 \cdots) = 0.x_1 y_1\, x_2 y_2 x_3 y_3 \cdots$$

   로 정의하면 이 함수는 전단사임을 보여라.

§5.5 기수의 거듭제곱

두 집합 A,B 의 원소가 각각 m,n 개일 때 A 에서 B 로의 함수는 모두 몇 개 있는가? A 의 각 원소의 상으로서 n 가지의 선택이 있으며, 그 각 가지에 대하여 A 의 원소를 하나씩 택할 수 있는 방법은 독립적으로 m 가지 있다. 그러므로 구하는 답은 $\underbrace{n\times n\times\cdots\times n}_{m-\text{번}}=n^m$ 이다. 이 개념을 다음과 같이 일반화할 수 있다.

정의5.1 집합 $A(A\neq\varnothing)$, B에 대하여 $\mathrm{card}(A)=a$, $\mathrm{card}(B)=b$ 일 때 A 에서 B 로의 모든 함수의 집합을 「B^A」로 나타낸다. 즉

$$B^A=\{f\mid f:A\to B\}$$

라 할 때, 기수 b^a를 $\mathrm{card}(B^A)$로 정의한다. 즉 $b^a=\mathrm{card}(B^A)$.

이 정의를 받아들이기 전에 이 정의는 선택된 대표 A,B 와는 독립적인가를 확인하여야 한다. 다음 정리는 그 필요성에 관한 것이다.

정리5.1 집합 A, B, X, Y에 대하여 다음이 성립한다.

$$A\sim X,\ B\sim Y \text{ 이면 } B^A\sim Y^X.$$

(증명) 두 함수 $g:A\sim X$, $h:B\sim Y$를 각각 전단사라고 하자. 지금 함수 $\psi:B^A\to Y^X$를 각 $f\in B^A$ 에 $\psi(f)=h\circ f\circ g^{-1}$로 정의한다. 즉 모든 $x\in X$ 에 대하여

$$\psi(f)(x)=(h\circ f\circ g^{-1})(x)$$

인 $\psi(f)\in Y^X$ 가 대응하도록 정의하면 , 이 함수 ψ 는 전단사이다. 이해를 돕기 위하여 이를 도식화하면 다음과 같다.

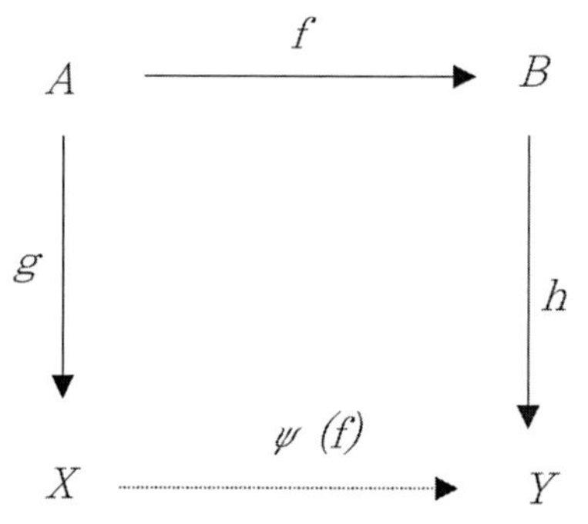

이것의 증명은 생략한다. ◁

정리5.2 집합 A에 대하여 두 기수 $\mathrm{card}(\wp(A))$와 $2^{\mathrm{card}(A)}$는 같다. 즉 $\mathrm{card}(\wp(A))=2^{\mathrm{card}(A)}$.

(증명) $B=\{0,1\}$이라 놓고, 임의의 함수 $f\in B^A$에 대하여 $D=\{x\,|\,f(x)=1\}=f^{-1}(1)$이라면 f는 집합 A의 부분집합 D의 특성함수 $\chi_D : A\to\{0,1\}$이다. 그런데 각 $D\in\wp(A)$에 $\chi_D : A\to\{0,1\}$을 대응시키는 함수

$$\psi : \wp(A)\to 2^A,\ \ \psi(D)=\chi_D$$

는 일대일 대응이다. 그러므로 $\wp(A)\sim B^A$. 따라서

$$\mathrm{card}(\wp(A))=\mathrm{card}(B^A)=(\mathrm{card}(B))^{\mathrm{card}(A)}=2^{\mathrm{card}(A)}$$

즉, $\mathrm{card}(\wp(A))=2^{\mathrm{card}(A)}$. ◁

정리5.3 임의의 기수 a, x, y에 대하여 $a^x a^y=a^{x+y}$.

(증명) 집합 A, X, Y에 대하여

$$\mathrm{card}(A)=a,\ \mathrm{card}(X)=x,\ \mathrm{card}(Y)=y,\ X\cap Y=\varnothing$$

라고 가정하면 $\mathrm{card}(X\cup Y)=x+y$이다. 이제 $a^x a^y=a^{x+y}$를 증명하기 위하여 $A^X\times A^Y\sim A^{X\cup Y}$을 보이면 충분하다.

함수 $\psi : A^X\times A^Y\to A^{X\cup Y}$를 다음과 같이 정의한다.

$$\forall (f,g)\in A^X\times A^Y,\qquad \psi(f,g)=f\cup g$$

함수 ψ가 전단사이므로 $A^X \times A^Y \sim A^{X \cup Y}$이다. 이것의 증명은 생략한다. 따라서 $a^x a^y = a^{x+y}$. ◁

정리5.4 임의의 기수 x, y, z 에 대하여 $(z^y)^x = z^{yx}$.

(증명) X, Y, Z 를 차례로 기수가 x, y, z 인 집합이라고 할 때 $Z^{Y\times X} \sim (Z^Y)^X$ 인 것을 밝히면 이 정리는 증명된다.

먼저 $Z^{Y\times X}$ 와 $(Z^Y)^X$ 가 대등하다는 것을 보이기에 앞서 다음과 같이 기호에 대한 약속부터 한다.

주어진 함수 $f : Y\times X \to Z$ 와 주어진 원소 $a \in X$ 에 대하여 함수 $f^a : Y \to Z$ 와 $e_f : X \to Z^Y$를 다음과 같이 정의한다.

$$f^a(b) = f(a,b) \quad \forall b \in Y$$
$$e_f(a) = f^a \quad \forall a \in X$$

$Z^{Y\times X} \sim (Z^Y)^X$를 보이기 위하여 함수 $\psi : Z^{Y\times X} \to (Z^Y)^X$를 다음과 같이 정의한다.

$$\psi(f) = e_f \quad \forall f \in Z^{Y\times X}$$

이 함수 ψ 는 전단사이다. 그러므로 $(z^y)^x = z^{yx}$. ◁

정리5.5 임의의 기수 a, b, x 에 대하여 $(ab)^x = a^x b^x$.

(증명) A, B, X 를 차례로 기수가 a, b, x 인 집합이라고 할 때 각 함수 $f : X \to A\times B$ 에 함수 $(p_A \circ f,\ p_B \circ f) \in A^X \times B^X$ 를 대응시키는 함수

$$\psi : (A\times B)^X \to A^X \times B^X,\ \psi(f) = (p_A \circ f,\ p_B \circ f)$$

는 전단사이다. 그러므로$(ab)^x = a^x b^x$. ◁

기호 $\aleph_0$ 와 c 는 각 각 집합 $\mathbb{N}$, $\mathbb{R}$ 의 기수이고 $\mathbb{Q} \sim \mathbb{N}$ 이므로 $\aleph_0$ 는 $\mathbb{Q}$ 의 기수와 같다. 그리고 c 는 구간 $(0,1)$ 의 기수와 같은 것도 알 수 있다.

정리5.6 $2^{\aleph_0} = c$

(증명) 이것을 두 단계 즉 먼저 $c \leqslant 2^{\aleph_0}$을, 그 다음 $2^{\aleph_0} \leqslant c$ 를 보임으로써 증명한다.

함수 $f : \mathbb{R} \to \wp(\mathbb{Q})$를 $(\forall a \in \mathbb{R})\ f(a) = \{x \in \mathbb{Q} \mid x < a\}$로 정의하면 이 함수는 단사이다.

왜냐하면 지금 서로 다른 두 실수 a, b 에 대하여 $a < b$ 라고 하면 적당한 유리수 r 이 존재하여 $a < r < b$. 그러면 $r \in f(b)$ 이지만 $r \notin f(a)$ 이다. 즉 $a \neq b \Rightarrow f(a) \neq f(b)$ 이다. 그러므로 f는 단사이다. 따라서 $c \leqslant \wp(\mathbb{Q}) = 2^{\aleph_0}$이다.

다음에는 $c \geqslant 2^{\aleph_0}$ 를 증명하기 위하여 함수 $\psi : \{0,1\}^{\mathrm{N}} \to \mathbb{R}$ 를

$$\psi(f) = 0.f(1)f(2)f(3)\cdots,\ ({}^{\forall} f \in \{0,1\}^{\mathrm{N}})$$

로 정의하면 $\psi(f)$ 는 0 과 1 들로 이루어진 소수이다.

지금 $\{0,1\}^{\mathrm{N}}$의 원소 f, g 에 대해 $f \neq g$ 이면 $\psi(f) \neq \psi(g)$.

왜냐하면 $\psi(f)$ 와 $\psi(g)$ 로 정의된 소수는 다르기 때문이다. 그러므로 함수 $\psi : \{0,1\}^{\mathrm{N}} \to \mathbb{R}$ 은 단사이다. 따라서 $2_0^{\aleph} \leqslant c$이다. ◁

따름정리 $\aleph_0 < c$

(증명) 칸토르의 정리에 의하여 $\mathrm{card}(\mathrm{N}) < \mathrm{card}(\wp(\mathrm{N}))$. 그러므로 $\aleph_0 < \mathrm{card} < (P(\mathrm{N}))$. 예제에 의하여 $\mathrm{card}(\wp(\mathrm{N})) = 2^{\mathrm{card}(\mathrm{N})}$, 즉 $\mathrm{card}(\wp(\mathrm{N})) = 2^{\aleph_0}$. 또 $2^{\aleph_0} = c$ 이므로

$$\aleph_0 < \mathrm{card}(\wp(\mathrm{N})) = 2^{\mathrm{card}(\mathrm{N})} = 2^{\aleph_0} = c.$$ ◁

정리5.7 기수 a, b, x, y 에 대하여 $a \leqslant b,\ x \leqslant y$ 이면 $a^x \leqslant b^y$.

(증명) 증명은 연습문제로 둔다.

정리5.8 $\aleph_0 c = c$.

(증명) 증명은 연습문제로 둔다.

연습문제 5.5

1. 〈정리5.1〉의 함수 $\psi : B^A \to Y^X$, $\psi(f) = h \circ f \circ g^{-1}$는 전단사임을 증명하여라.

2. 임의의 기수 a 에 대하여 다음을 증명하여라.
   $a^0 = 1$, $a^1 = a$, $1^a = 1$, 또 $a \neq 0$ 이면 $0^a = 0$

3. 임의의 기수 a 에 대하여 $2^a > a$ 임을 보여라.

4. 기수 a, b, x, y 에 대하여$a \leqslant b$, $x \leqslant y$ 이면 $a^x \leqslant b^y$ 임을 증명하여라.

5. 임의의 유한기수 $n \geqslant 2$ 에 대하여 $n^{\aleph_0} = c = \aleph_0^{\aleph_0}$ 임을 증명하여라.

6. 임의의 유한기수 $n \geqslant 1$ 에 대하여 $c^{\aleph_0} = c = c^n$ 임을 증명하여라.

7. 모든 복소수의 집합 $\mathbb{C}$ 에 대하여 $\mathrm{card}(\mathbb{C}) = c$ 임을 증명하여라.

8. $\aleph_0 c = c$ 임을 증명하여라.

9. 함수 $\psi : \wp(A) \to \{0,1\}^A$ 를 각 $D \in \wp(A)$에 $\psi(D) = \chi_D$ 를 대응하도록 정의하면 이 함수는 전단사임을 증명하여라.

10. 세 집합 A, X, Y 에 대하여 $X \cap Y = \varnothing$ 일 때
    $\psi : A^X \times A^Y \to A^{X \cup Y}$ 를 다음과 같이 정의한다.
    $$\forall (f, g) \in A^X \times A^Y, \qquad \psi(f, g) = f \cup g$$
    이 함수는 전단사임을 증명하여라.

11. 〈정리5.4〉의 함수 $\psi : Z^{Y \times X} \to (Z^Y)^X$ 는 전단사임을 증명하여라.

12. 〈정리5.5〉의 함수 $\psi : (A \times B)^X \to A^X \times B^X$ 는 전단사임을 증명하여라.

§5.6 기수 연산

우리는 앞에서 $cc = c$ 임을 직접 증명하였다. 이제 $2^{\aleph_0} = c$ 를 이용하여 그 증명을 보다 간단히 할 수 있는 방법을 소개한다.

예제6.1 $2^{\aleph_0} = c$ 을 이용하여 $cc = c$ 임을 증명하여라.

풀이 $\aleph_0 + \aleph_0 = \aleph_0$ 과 $2^{\aleph_0} = c$ 로부터

$$cc = 2^{\aleph_0}\, 2^{\aleph_0} = 2^{\aleph_0 + \aleph_0} = 2^{\aleph_0} = c\ .$$

그러므로 $cc = c$.

예제6.2 함수의 집합 $\mathbb{R}^{\mathbb{R}} = \{f \mid f : \mathbb{R} \to \mathbb{R}\}$의 기수를 기수 c와 비교하여라.

풀이
$$\begin{aligned}\mathrm{card}(\mathbb{R}^{\mathbb{R}}) &= \mathrm{card}(\{f \mid f : \mathbb{R} \to \mathbb{R}\}) \\ &= c^c = \left(2^{\aleph_0}\right)^c = 2^{\aleph_0 c} \\ &= 2^c > c\ .\end{aligned}$$

그러므로 $\mathrm{card}(\{f \mid f : \mathbb{R} \to \mathbb{R}\}) > c$.

예제6.3 정의역이 $\mathbb{R}, \mathbb{Q}$ 인 연속 실변수 함수의 집합을 각각 $C(\mathbb{R}, \mathbb{R})$, $C(\mathbb{Q}, \mathbb{R})$이라 하고, 정의역이 $\mathbb{R}$ 인 실변수 상수함수의 집합을 $K(\mathbb{R}, \mathbb{R})$ 이라 할 때 다음이 성립함을 증명하여라.

$$\mathrm{card}(C(\mathbb{R}, \mathbb{R})) = \mathrm{card}(C(\mathbb{Q}, \mathbb{R})) = \mathrm{card}(K(\mathbb{R}, \mathbb{R})) = c$$

증명 각 함수 $f : \mathbb{R} \to \mathbb{R}$ 에 $(\forall x \in \mathbb{Q})\ (f|_{\mathbb{Q}})(x) = f(x)$로 정의된 함수 $f|_{\mathbb{Q}} : \mathbb{Q} \to \mathbb{R}$ 를 대응시킬 수 있다. 이러한 함수 $f|_{\mathbb{Q}}$를 f 의 $\mathbb{Q}$ 에 대한 **제한사상**(restriction) 또는 **축소사상**이라고 한다. 이와 같은 각 $f \in C(\mathbb{R}, \mathbb{R})$ 에 그 제한사상 $f|_{\mathbb{Q}}$를 대응시키는 자연스러운 함수 $\psi : C(\mathbb{R}, \mathbb{R}) \to C(\mathbb{Q}, \mathbb{R})$ 이 존재한다. 그런데 연속함수 f 의 제한사상 $f|_{\mathbb{Q}}$ 또한 연속함수이므로 함수 ψ 는 잘 정의된 함수이다.

함수 $\psi : C(\mathbb{R}, \mathbb{R}) \to C(\mathbb{Q}, \mathbb{R})$ 은 단사이다. 왜냐하면 유리수의 조밀성에 따라 각 실

수 x 에 대하여 적당한 유리수열 $\{x_n | n \in \mathbb{N}\}$ 이 존재하여 $\lim_{n\to\infty} x_n = x$ 를 만족한다. 따라서 임의의 두 연속함수 $f, g : \mathbb{R} \to \mathbb{R}$ 에 대해

$$\forall x' \in \mathbb{Q},\ f(x') = g(x') \text{ 이면 } \forall x \in \mathbb{R},\ f(x) = g(x).$$

그러므로 다음을 얻는다.

$$\begin{aligned}\operatorname{card}(C(\mathbb{R},\mathbb{R})) &\leqslant \operatorname{card}(C(\mathbb{Q},\mathbb{R})) \leqslant \operatorname{card}\mathbb{R}^{\mathbb{Q}} = c_0^{\aleph} \\ &= (2^{\aleph_0})^{\aleph_0} = 2^{\aleph_0\aleph_0} = 2^{\aleph_0} = c\end{aligned}$$

따라서 $\operatorname{card}(C(\mathbb{R},\mathbb{R})) \leqslant c$.

한편 정의역이 $\mathbb{R}$ 인 모든 실변수 상수함수의 집합 $K(\mathbb{R},\mathbb{R})$ 을 생각할 때 각 실수 $a \in \mathbb{R}$ 에 대하여 $f_a(\mathbb{R}) = \{a\}$ 로 정의된 상수함수 $f_a : \mathbb{R} \to \mathbb{R}$ 이 존재하므로 $\operatorname{card}(K(\mathbb{R},\mathbb{R})) = c$ 을 만족한다. 여기서 각 상수함수 $f_a : \mathbb{R} \to \mathbb{R}$ 은 연속이다. 그러므로

$$K(\mathbb{R},\mathbb{R}) \subset C(\mathbb{R},\mathbb{R}).$$

따라서 $c = \operatorname{card}(K(\mathbb{R},\mathbb{R})) \leqslant \operatorname{card}(C(\mathbb{R},\mathbb{R}))$

이 결과와 바로 앞쪽에서 얻은 부등식을 함께 생각함으로써 다음을 얻는다.

$$c = \operatorname{card}(K(\mathbb{R},\mathbb{R})) \leqslant \operatorname{card}(C(\mathbb{R},\mathbb{R})) \leqslant \operatorname{card}(C(\mathbb{Q},\mathbb{R})) \leqslant c$$

그러므로 $\operatorname{card}(C(\mathbb{R},\mathbb{R})) = \operatorname{card}(C(\mathbb{Q},\mathbb{R})) = \operatorname{card}(K(\mathbb{R},\mathbb{R})) = c$. ◁

[참고] 위의 결과는 상수함수가 연속함수만큼 많다는 것을 보이고 있다. 이것은 무한집합이 지닌 또 다른 성질의 보기이다.

예제6.4 실변수의 실가함수 중에서 미분가능한 모든 함수의 집합 $D(\mathbb{R},\mathbb{R})$ 의 기수를 구하여라.

풀이 각 상수함수는 미분가능하고 각 미분가능한 함수는 연속이므로 다음을 얻는다.

$$K(\mathbb{R},\mathbb{R}) \subset D(\mathbb{R},\mathbb{R}) \subset C(\mathbb{R},\mathbb{R})$$

이 사실과 위 예제에 의하여

$$c = \operatorname{card}(K(\mathbb{R},\mathbb{R})) \leqslant \operatorname{card}(D(\mathbb{R},\mathbb{R})) \leqslant \operatorname{card}(C(\mathbb{R},\mathbb{R})) = c$$

그러므로 $\operatorname{card}(D(\mathbb{R},\mathbb{R})) = c$.

연습문제 5.6

1. n차원 공간 $\mathbb{R}^n = \mathbb{R} \times \mathbb{R} \times \cdots \times \mathbb{R}$ (n개의 인수)의 점은 꼭 단위개구간 $(0,1)$의 점만큼 많음을 증명하여라.

2. $\mathbb{R}^{\aleph_0}$을 실수의 모든 무한수열 $(x_1, x_2, x_3, \cdots)$ (이것을 공간 $\mathbb{R}^{\aleph_0}$의 점이라고 부른다)의 집합이라 할 때 모든 x_k가 정수인 점$(x_1, x_2, x_3, \cdots)$을 $\mathbb{R}^{\aleph_0}$에서의 격자점(lattice point)이라고 한다. 공간 $\mathbb{R}^{\aleph_0}$의 점은 꼭 그 격자점만큼 많다는 것을 보여라.

3. 치역이 $\{0,1\}$인 일변수 실변수 함수는 꼭 n 변수 실변수 함수만큼 많다는 것을 보여라. 여기서 n은 임의의 자연수이다.

4. 모든 일변수 실변수함수의 집합 $\{f \mid f : \mathbb{R} \to \mathbb{R}\}$의 기수를 ℓ로 나타낼 때 임의의 자연수 n과 초한기수 $\aleph_0$, c에 대하여 다음이 성립함을 증명하여라.

$$\ell^n = \ell^{\aleph_0} = \ell^c = \ell$$

§5.7 연속체 가설

무한집합은 항상 가부번집합을 포함한다. 그러므로 $\aleph_0$ 는 초한기수 중 가장 작은 기수이다. 1880년경 칸토르에 의하여 소위 **연속체 문제**(continuum problem)로 알려진 중요한 의문이 제기되었다. 다름아니라 두 초한기수 $\aleph_0$ 와 $2^{\aleph_0}$ 사이에 다른 기수가 존재하겠는가에 대한 의문이었다. 이것을 집합으로 다시 말하면 다음과 같다.

「집합 $\mathbb{R}$의 비가부번 무한부분집합으로서 그 기수가 $\mathbb{R}$의 기수보다 작은 것이 존재하겠는가? 」

칸토르를 위시하여 많은 수학자들이 이 문제를 풀려고 많은 노력을 기울였으나 모두 무위로 끝나고 말았다. 수학의 어디서나 그같은 집합이 전혀 발견되지 않았을 뿐만 아니라 발견할 수 있는 방법조차 있어 보이지 않았으므로 칸토르와 그 밖의 다른 수학자들은 이 연속체문제에 대한 답은 부정적일 것이라고 예측하였다.

이 예측은 **연속체 가설**(continuum hypothesis)로 알려져 있다.

〈연속체가설〉 두 초한기수 $\aleph_0,$ $c = 2^{\aleph_0}$ 에 대하여

$$\aleph_0 < x < c$$

를 만족시키는 어떤 기수 x 도 존재하지 않는다.

연속체문제와 밀접한 관련이 있는 의문을 흔히 **일반 연속체 문제**(generalized continuum problem)라고 한다. 즉 두 초한기수 α 와 2^α 사이에 다른 기수가 존재하겠는가? 에 대한 의문이다. 이러한 의문에 대한 답도 역시 찾을 수 없었다.

그 같은 기수가 존재하지 않을 것이라는 예측을 **일반 연속체 문제**(generalized continuum problem)이라고 부른다.

〈일반 연속체 가설〉 임의의 초한기수 α 에 대하여

$$\alpha < x < 2^\alpha$$

를 만족시키는 어떤 기수 x 도 존재하지 않는다.

제 6 장

선택공리

선택공리(Axiom of choice) 및 그와 동치인 원리로서 흔히 이용되고 있는 (1) 하우스도르프의 극대원리, (2) 조른의 보조정리, (3) 제르멜로의 정렬원리를 소개한다. 그리고 수학적으로 중요한 이들 세 원리는 선택공리와 논리적으로 동치임을 함의에 대한 순환적 연쇄로 증명한다. 초한귀납법원리(Principle of transfinite induction)를 소개하고 이 귀납법이 수학적 증명에 어떻게 활용되는가를 알아본다.

§6.1 개념

여러 바구니에 과일을 담아 놓은 과일 점에 들어가 각 바구니(공집합이 아님)에서 꼭 하나씩의 과일을 택하는 일은 그다지 어렵지 않을 것이다. 그러나 이와 비슷한 다음과 같은 물음은 언뜻 보기에는 자명하지만 사실은 참으로 복잡하다.

주어진 집합족 $\mathcal{L}\,(\mathcal{L} \neq \varnothing)$ 의 원소 S_a 들이 서로 소인 집합일 때 각 S_a 의 원소 x_a 하나씩을 택한 것을 원소로 하는 집합 R이 존재하겠는가?

이 물음의 실제적 어려운 점은 $\mathcal{L}$ 가 무한집합인 경우이다. 20 세기초 앞의 물음의 답을 언스트 제르멜로(Ernst Zermelo, 1871−1953)와 그 외 수학자들이 많은 힘을 써왔으나 모두 실패하고 말았다. 그러자 이 물음은 풀 수 없을 것으로 여겼던 제르멜로는 하나의 공리를 세움으로써 그 어려움을 피할 수 있을 것으로 믿었다. 선택공리로 알려져 온 이 공리를 함수를 써서 다음과 같이 일반적 형식으로 나타낼 수 있다.

〈선택공리〉 공집합이 아닌 집합을 구성원으로 하는 임의의 집합족 $\mathcal{L}\,(\mathcal{L} \neq \varnothing)$에 대하여 다음과 같이 정의된 함수 f 가 존재한다.

$$f : \mathcal{L} \rightarrow \bigcup_{A \in \mathcal{L}} A, \qquad \forall A \in \mathcal{L},\ f(A) \in A$$

이 함수 f 를 **선택함수**(Choice function)라고 부른다.

[참고] 선택공리는 현대수학의 여러 분야에서 많은 중요한 결과를 증명함에 있어서 빼놓을 수 없게 되었다. 수학자들은 선택공리가 알려진 이래 이 공리를 대치할만한 다른 원리 몇 가지를 발견하였는데 그 원리들은 선택공리와 유사점이 있어 보이지 않지만 얼마 안 가서 그들 사이에는 동치관계가 있음이 밝혀졌다.

정의1.1 〈**부분순서**(Partial order)〉

집합 A 위의 관계 $\leq$ 가 반사적, 추이적 그리고 **반대칭적**(Antisymmetric) ($a \leq b \wedge b \leq a \Rightarrow a = b$) 이면, 그리고 그때에 이 관계를 **부분순서**(Partial order)라고 한다. 이 때 집합 A 와 그 위의 부분순서 $\leq$ 를 함께 **부분순서집합**(Partially ordered set) 이라 하고 이것을 하나의 쌍 「$(A, \leq)$」으로 나타낸다.

정의1.2 〈**전순서**(Total order)〉

부분순서집합 $(A, \leq)$의 임의의 $a,b \in A$ 에 대하여 $a \leq b$ 또는 $b \leq a$ 일 때 $\leq$를 A 위의 **전순서**(total order)라고 한다. 이 때 집합 A 와 그 위의 전순서 $\leq$를 함께 **전순서집합**(totally ordered set) 혹은 **완전순서집합** 이라 한다.

[참고] 문맥상 집합 A 위의 부분(전)순서 $\leq$가 분명할 때에는 간단히 A 를 부분(전)순서집합이라고 한다. 한편 전순서, 전순서집합을 각각 **선형순서**(linear order), **선형순서집합**(linearly ordered set) 이라고도 한다.

예제1.1 전순서는 그 정의로부터 부분순서가 된다. 그러나 부분순서가 반드시 전순서는 아니다

정의1.3 부분순서집합 $(A, \leq)$의 부분집합 B에 대하여 $\leq$과 $B \times B$의 교집합

$\leq \cap (B \times B)$ 를 $\leq_B$ 로 나타내면 $(B, \leq_B)$ 는 부분순서집합이다. 그런데 조건에 따라서는 $\leq_B$ 가 B 위의 전순서일 수도 있다. 이 경우 B 를 부분순서집합 $(A, \leq)$ 의 **전순서부분집합**(Totally ordered subset)이라고 한다. 전순서부분집합을 **연쇄**(Chain)라고도 한다.

예제1.2 공집합이 아닌 집합 X 의 멱집합 $\wp(X)$ 는 포함관계 「$\subset$」에 의한 부분순서집합이다.

예제1.3 부분순서집합 $(\mathbb{R}, \leq)$ 에 대하여 집합 $\mathbb{R} \times \mathbb{R}$ 위의 관계 $\leq'$ 를 다음과 같이 정의할 때

$$a_1 \leq b_1 \ \wedge \ a_2 \leq b_2 \Leftrightarrow (a_1, a_2) \ \leq' (b_1, b_2)$$

이 관계는 $\mathbb{R} \times \mathbb{R}$ 위의 부분순서임을 확인하라. 여기서 $\leq'$는 $\mathbb{R} \times \mathbb{R}$ 위의 전순서가 아니다.

왜냐하면 $(1,2) \leq' (2,1)$ 과 $(2,1) \leq' (1,2)$ 는 모두 참이 아니다.

예제1.4 평면 $\mathbb{R} \times \mathbb{R}$ 의 대각선 $\Delta = \{(x,x) | x \in \mathbb{R}\}$ 은 〈예제1.3〉의 부분순서집합 $(\mathbb{R} \times \mathbb{R}, \leq')$ 의 하나의 연쇄이다.

정의1.4 **〈일반카테시안곱〉**

첨수 집합족 $\{A_r | r \in \Gamma, A_r \neq \varnothing\}$ 에 대하여 다음과 같이 정의된 모든 함수

$$f : \Gamma \to \bigcup_{r \in \Gamma} A_r, \ \ f(r) \in A_r \ \ {}^{\forall} r \in \Gamma$$

의 집합을 **일반카테시안 곱**이라고 하고 이것을 $\prod_{r \in \Gamma} A_r$ 로 나타낸다.

정리1.1 $\Gamma \neq \varnothing$ 이면 $\prod_{r \in \Gamma} A_r \neq \varnothing$ 임을 증명하여라.

(증명) 선택공리에 의하여 이의 증명은 명백하다.

연습문제 6.1

1. $\mathfrak{I}$ 가 공집합이 아닌 집합 X 의 분할일 때 집합 $R \subset X$ 으로서 각 $C \in \mathfrak{I}$ 에 대하여 $C \cap R$ 가 단원집합인 것이 존재한다. 이것을 증명하여라. 이 집합 R 을 **대표집합** (representative)이라고 한다.

2. 함수 $f : A \to B$ 가 전사일 때 A 의 부분집합 C 가 존재하여 C 와 B 가 대등하다. 그러므로 $\mathrm{card}(B) \preccurlyeq \mathrm{card}(A)$. 이것을 증명하여라.

3. 다음을 밝혀라.
   (1) 하나의 집합 위에서의 상등관계 $=$ 는 부분순서이다.
   (2) 실수의 집합 위에서의 보통관계 (대소관계) $\leq$ 는 전순서이다.

4. 집합 $F = \mathbb{R}^{\mathbb{R}}$ 에 대하여
$$\Re = \{(f, g) \in F \times F \mid (\forall x \in \mathbb{R})\ (f(x) \leq g(x))\}$$
로 놓을 때 $(F, \Re)$ 은 부분순서집합임을 증명하여라.

5. 자연수의 집합 $\mathbb{N}$ 은 관계
$$x \text{ 는 } y \text{ 를 나누어 떨어뜨린다.}$$
에 의한 부분순서집합이다. 이것을 증명하여라.

6. 〈예제1.3〉의 부분순서집합 $(\mathbb{R} \times \mathbb{R}, \leq ')$ 에 있어서
임의의 $m \in \mathbb{R}^+$ 에 대하여 $(\mathbb{R} \times \mathbb{R}, \leq ')$ 의 부분집합
$$A = \{(x, mx) \mid x \in \mathbb{R}\}$$
는 주어진 부분순서집합이 하나의 연쇄임을 증명하여라.

7. ⟨정의1.4⟩의 기호를 써서 다음을 증명하여라.

유한집합 $\Gamma = \{1,2,\ldots,n\}$에 대하여 $\prod_{r\in\Gamma} A_r$ 와 순서 집합

$$\{(x_1,x_2,\ldots,x_i,\ldots x_n) \mid ((\forall\, i \in \Gamma)x_i \in A_i)\}$$

사이에는 일대일 대응이 존재한다.

8. 집합 $A(\neq \varnothing)$에서 집합 $B(\neq \varnothing)$로의 관계 $\Re$ 에 대하여 $Dom(\Re) = A$ 일 때 함수 $f : A \to B$ 로서 $f \subset \Re$ 인 것이 존재함을 증명하여라.

§6.2 하우스도르프의 극대원리

정의2.1 부분순서집합 $(A, \leq)$ 의 부분집합 B 에 대하여

(1) 모든 $b \in B$ 에 대하여 적당한 $u \in A$ 가 존재하여 $b \leq u$ 이면, 그리고 그 때에 u 를 B 의 **상계**(upper bound)라고 한다.

(2) B 의 각 상계 u 에 대하여 B 의 상계 u_0 이 존재하여 $u_0 \leq u$ 이면, 그리고 그때에 u_0 를 B 의 **최소상계**(least upper bound) 또는 **상한**(supremum)이라고 한다.

(3) $a \in A$ 에 대하여 $e \in A$ 가 다음을 만족하면

$$e \leq a \Rightarrow e = a$$

그리고 그 때에 e 를 A 의 **극대원**(maximal)이라고 한다.

정의2.2 부분순서집합 $(A, \leq)$ 의 부분집합 B 에 대하여

(1) 모든 $b \in B$ 에 대하여 적당한 $v \in A$ 가 존재하여 $v \leq b$ 이면, 그리고 그때에만 v 를 B 의 **하계**(lower bound)라고 한다.

(2) B 의 각 하계 v 에 대하여 B 의 하계 v_0 이 존재하여 $v \leq v_0$ 이면, 그리고 그때에 v_0 을 B 의 **최대하계**(greatest lower bound) 또는 **하한**(infimum)이라고 한다.

(3) 모든 $a \in A$ 에 대하여 $e' \in A$ 가 존재하여

$$a \leq e' \Rightarrow e' = a$$

이면, 그리고 그때에 e' 를 A 의 **극소원**(minnmal)이라고 한다.

예제2.1 집합 $X(\neq \varnothing)$ 에 대하여 ξ 를 부분순서집합 $(\wp(X), \subset)$ 의 부분집합이라면

(1) $\bigcup_{B \in \xi} B$ 는 ξ 의 최소상계이다.

(2) $\bigcap_{B \in \xi} B$ 는 ξ 의 최대하계이다.

다음 정리는 선택공리와 다른 원리와 동치인 것을 증명하는데 중요한 역할을 하지만 그것을 증명하기에는 쉽지 않다.

정리2.1 공집합이 아닌 부분순서집합 $(A, \leq)$ 에 대하여 A 의 임의의 전순서부분집합의 최소상계가 A 에 존재할 때 함수 $f : A \to A$ 가 존재하여 다음을 만족한다.

$$\forall a \in A, \quad a \leqq f(a) \Rightarrow (\exists p \in A) \;\; f(p) = p$$

(증명) 집합 A 의 임의의 원소 a 는 고정된 것으로 생각한다. 집합 A 의 부분집합 B 가 다음 세 성질을 지닐 때 B 는 **용인적**(admissible)이라고 정의하자.

(1) $a \in B$

(2) $f(B) \subset B$

(3) B 의 각 전순서부분집합의 최소상계가 B 에 속한다.

A 의 모든 용인적 부분집합의 집합을 ξ 라면 A 는 그 자신 용인적이므로 $\xi \neq \varnothing$. 또 용인적 집합들의 교집합은 용인적이므로 부분순서집합 $(\xi, \subset)$ 는 극소원 $B_0 = \bigcap_{B \in \xi} B$ 를 지닌다. 한편 $\{x \in A \mid a \leq x\}$ 는 분명히 용인적이므로 $B_0 \subset \{x \leq t. \in A \mid a \leq x\}$. 따라서

(4) 모든 $x \in B_0$ 에 대하여 $a \leq x$ 이다.

다음에는 집합 $C = \{x \in B_0 \mid y \in B_0 \wedge y < x \Rightarrow f(y) \leq x\}$ 라 놓고

(5) $x \in C \wedge z \in B_0 \Rightarrow z \leq x \vee f(x) \leq z$

를 증명한다.

먼저 $x \in C$ 를 고정시키고

$$D = \{z \in B_0 \mid z \leq x \vee f(x) \leq z\}$$

로 놓는다. 그러면 조건 (4)는 D 가 (1)을 만족시킨다는 것을 보여주며 또한 집합 D 는 (2)를 만족시킨다. 왜냐하면

$$z \leq f(x) \Rightarrow f(z) \geq z > f(x)$$

$$z = x \Rightarrow f(z) = f(x)$$

$$z < x \Rightarrow x \in C$$

이므로 $f(z) \leq x$ 이기 때문이다. 집합 D 는 (3)도 만족시킨다. 즉 D 의 전순서부분집합 E 의 최소상계를 u 라고 하면 모든 $y \in E$ 에 대해 $y \leq x$ 이므로 $u \leq x$ 또는 적당한

$y \in E$에 대하여 $y \geq f(x)$. 그러므로 $u \geq f(x)$, 따라서 D는 용인적이고 결국 $D = B_0$. 이것으로 명제 (5)는 증명되었다.

이제 C가 용인적임을 증명한다. C는 (1)을 그대로 만족시킨다. C가 (2)를 만족시킴을 밝히기 위해서는

$$x \in C,\ y \in B_0,\ y < f(x) \Rightarrow f(y) \leq f(x)$$

임을 보이면 된다. 그런데 (5)에 의하여 $y \geq f(x)$ 또는 $y \leq x$, 그러므로 $y < f(x)$이면 $y \leq x$, 한편 $x \in C$ 이므로 $y < x$ 이면 $f(y) \leq x (\leq f(x))$, $y = x$ 이면 $f(y) = f(x)$. 마지막으로 C의 전순서부분집합 G의 최소상계를 w 라고 할 때 $w \in C$ 임을 보이고자 $y \in B_0,\ y < w$ 라고 가정하면 (5)에 의하여 모든 $x \in G$에 대하여 $y \leq x$ 또는 $y \geq f(x)$. 여기서

$$\forall x \in G \quad y \geq f(x) \geq x$$

는 참이 아니다. 왜냐하면 그것이 참이라면 $y \geq w$, 이것은 y의 선택에 모순이기 때문이다. 그러므로 $(\exists x \in G)\ y \leq x$, 그런데 $y < x$ 이면 C의 정의에 의하여 $f(y) \leq z \leq w$, 따라서 (5)에 의하여 B_0 은 전순서집합이다. p를 B_0 의 최소상계라면 $p \in B_0$ 이고 $p \leq f(p) \leq p$, 그러므로 $f(p) = p$. ◁

이제 선택공리를 이용하여 하우스도르프의 극대원리를 증명해 보자.

정리2.2 **〈하우스도르프의 극대원리〉** 임의의 부분순서집합 $(A, \leq)$ 에 대하여 A 의 모든 전순서집합의 집합을 $\mathfrak{T}$ 라고 할 때 포함관계 $\subset$에 의한 부분순서집합 $(\mathfrak{T}, \subset)$ 는 극대원을 지닌다.

(증명) 이 정리의 결론에 반하여 $\mathfrak{T}$ 에는 극대원이 존재하지 않는다고 가정한다. 그러면 각 $T \in \mathfrak{T}$ 에 대하여 공집합이 아닌 집합 $T^* = \{T' \in \mathfrak{T} \mid T' \supset T\}$를 짝지을 수 있다. 선택공리에 의하면 정의역이 $\{T^* \mid T \in \mathfrak{T}\}$인 함수로서 $g(T^*) \in T^*$인 g가 존재한다. 따라서 각 $T \in \mathfrak{T}$ 에 대하여 $f(T) = g(T^*) \supset T$로 정의된 함수 $f : \mathfrak{T} \to \mathfrak{T}$가 존재한다. 이제 $(\mathfrak{T}, \subset)$는 함수 f와 더불어 정리 2.1의 가정을 모두 만족시킴을 알 수 있다. 그러나 각 $T \in \mathfrak{T}$ 에 대하여 $T \subset f(T)$. 이것은 정리 2.1의 결론에 모순이다. ◁

연습문제 6.2

1. 부분순서집합 $(A, \leq)$ 의 부분집합 B 에 대하여 B 의 최소상계(최대하계)가 존재한다면 그것은 일의적이다. 이것을 증명하여라.

2. 부분순서집합의 부분집합으로서 그 최소상계와 최대하계가 모두 존재하지 않는 것의 보기를 하나 들어라.

3. 집합 $X = \{a,b,c\}$ 의 멱집합 $\wp(X)$ 에 대하여 부분순서집합 $(\wp(X), \subset)$ 의 부분집합 $\{\{a,b\},\{c,a\}\}$ 의 모든 상계, 모든 하계, 최소상계, 최대하계를 차례로 구하여라.

4. 〈문제 3〉에 있어서 $\wp(X)$ 의 극대원과 극소원을 구하여라.

5. 부분순서집합 $(\wp(X), \subset)$ 의 극대원과 극소원을 구하여라.

6. 부분순서집합으로써 극대원과 극소원을 각각 둘 이상 지닌 것의 보기를 하나 들어라.

7. 전순서집합이 극대원(극소원)을 지니면 그 극대원(극소원)은 일의적이다. 이것을 증명하여라.

8. 전순서집합이 극대원과 극소원이 모두 존재하지 않는 것의 보기를 하나 들어라.

9. 〈정리 2.2〉에서의 부분순서집합 $(\Im, \subset)$ 에 대하여 $\Im_0$ 를 $\Im$ 의 전순서부분집합이라 할 때

$$T_0 = \bigcap\{T \in \Im \mid \text{모든 } T' \in \Im_0 \text{에 대하여 } T \supset T'\}$$

은 $\Im_0$ 의 최소상계이다. 이것을 증명하여라.

10. 다음을 증명하여라.

공집합이 아닌 부분순서집합 $(A, \leq)$ 에 대하여 A 의 각 전순서집합이 최대하계를 지닌다고 한다. 함수 $f : A \to A$ 로서 모든 $a \in A$ 에 대하여 $f(a) \leq a$ 이면 $q \in A$ 가 존재하여 $f(q) = q$.

11. 부분순서집합 $(A, \leq)$ 의 전순서집합 B 에 대하여 A 의 극대전순서부분집합 C 가 존재하여 $B \subset C$ 이다. 이것을 증명하여라.

12. 부분순서집합 $(A, \leq)$ 의 부분집합 B 의 임의의 서로 다른 원소 x, y 에 대하여 $x \leq y$ 또는 $x \geq y$ 어느 것도 성립하지 않으면, 그리고 그 때에만 B는 반연쇄(antichain)라고 한다. 각 반연쇄는 포함관계 $\subset$ 에 관하여 극대원인 한 반연쇄에 포함된다. 이것을 증명하여라.

§6.3 조른의 보조정리

선택공리와 동치인 형식 중에서 가장 널리 이용되는 것으로는 1914 년에 나타난 **조른의 보조정리**(Zorn's lemma)이다. 실제로 〈정리2.2〉에서는 선택공리로부터 하우스도르프의 원리를 유도하였거니와 다음 정리의 증명에서는 하우스도르프의 원리로부터 조른의 보조정리를 유도할 수 있도록 한다.

정리3.1 **〈조른의 보조정리〉** 임의의 부분순서집합 $(A, \leq)$에 대하여 A 의 각 전순서부분집합이 상계를 지니면 A 의 극대원이 존재한다.

(증명) 하우스도르프의 원리에 의하여 $(A, \leq)$는 집합의 포함관계 $\subseteq$에 의하여 극대원인 전순서부분집합 B 를 지닌다. B 의 상계를 u (가정에 의하여 이러한 u 는 존재한다)라고 할 때 u 는 A 의 극대원임을 증명하도록 한다. $x \in A$ 가 존재하여 $x \geq u$ 이면 $B \cup \{x\}$ 는 $(A, \leq)$ 의 전순서부분집합으로서 B 를 포함한다. 그러므로 $B \cup \{x\} = B$ 따라서 $x \leq u$. 결국 $x = u$이므로 u는 $(A, \leq)$의 극대원이다. ◁

조른의 보조정리의 응용으로서 다음 정리를 소개한다.

정리3.2 공집합이 아닌 집합 A, B 에 대하여 A 에서 B 로의 단사 또는 B 에서 A 로의 단사가 존재한다.

(증명) A 의 부분집합 A_α 와 단사 $f_\alpha : A_\alpha \to B$ 에 대하여 모든 쌍들 (A_α, f_α) 의 집합을 $\mathscr{F}$ 라하고 $\mathscr{F}$ 위의 관계 $\leq$ 를 다음과 같이 정의한다.

$$A_\alpha \subset A_\beta \land f_\alpha \subset f_\beta \Leftrightarrow (A_\alpha, f_\alpha) \leq (A_\beta, f_\beta)$$

이 관계 $\leq$ 는 분명히 집합 $\mathscr{F}$ 위의 부분순서이다.

조른의 보조정리를 적용코자 $\mathscr{F}$ 의 임의의 전순서부분집합 $\mathfrak{I} = \{(A_\gamma, f_\gamma) \mid \gamma \in \Gamma\}$ 이 상계를 지니는가를 확인할 필요가 있다. 그런데 $\mathfrak{I}$ 의 상계에 대한 자연스러운 후보 중의 하나로 $\left(\bigcup_{\gamma \in \Gamma} A_\gamma, \bigcup_{\gamma \in \Gamma} f_\gamma\right)$ 이 있다. $A_1 = \bigcup_{\gamma \in \Gamma} A_\gamma$, $f_1 = \bigcup_{\gamma \in \Gamma} f_\gamma$로 놓을 때 $x \in A_\gamma$,

$(A_\gamma, f_\gamma) \in \mathfrak{I}$ 이면 $f_1 : A_1 \to B$ 는 $f_1(x) = f_\gamma(x)$에 의하여 주어진다. 지금 $f_1 : A_1 \to B$ 가 잘 정의되었는가를 다짐하기 위하여 x 가 다른 집합 $A_\delta, \delta \in \Gamma$ 에 속한다고 가정하면 $(A_\gamma, f_\gamma) \le (A_\delta, f_\delta))$ 또는 $(A_\gamma, f_\gamma) \ge (A_\delta, f_\delta)$. 어느 경우에나 $f_\gamma(x) = f_\delta(x)$. 그러므로 $f_1 : A_1 \to B$가 단사인 것을 보이기 위하여 A_1 의 적당한 원소 x, y 에 대하여 $f_1(x) = f_1(y)$ 라고 하면 $\mathfrak{I}$ 에는 (A_γ, f_γ), (A_δ, f_δ) 가 존재함으로써 $x \in A_\gamma$, $y \in A_\delta$. 앞에서와 같이

$$(A_\gamma, f_\gamma) \le (A_\delta, f_\delta) \text{ 또는 } (A_\gamma, f_\gamma) \ge (A_\delta, f_\delta).$$

여기서 $(A_\gamma, f_\gamma) \le (A_\delta, f_\delta)$ 가 성립한다면 $f_\delta(x) = f_\delta(y)$. 그런데 함수 f_δ 는 단사이므로 $x = y$. 이것은 $f_1 : A_1 \to B$ 가 단사임을 뜻한다. 그러므로 각 $\gamma \in \Gamma$에 대하여 $(A_1, f_1) \ge (a_\gamma, f_\gamma)$. 따라서 $(\mathscr{I}, \le)$ 는 조른의 보조정리의 가정을 만족시키므로 $\mathscr{I}$ 는 극대원을 지닌다. 이것을 $(\overline{A}, \overline{f})$ 로 놓으면 분명히 다음과 같은 두 경우가 있다.

(1) $\overline{A} = A$ 인 경우

이 경우 $\overline{f} : A \to B$ 는 단사이므로 정리는 성립한다.

(2) $\overline{A} \ne A$ 인 경우

$x_0 \in A - \overline{A}$ 라 놓고 $\overline{f} : \overline{A} \to B$ 가 전단사임을 주장하도록 한다. 만일 그렇지 않다면 원소 $y_0 \in B - \overline{f}(\overline{A})$ 가 존재한다. 지금 함수 $\overline{\overline{f}} : \overline{A} \cup \{x_0\} \to B$ 를 $\overline{\overline{f}}(x_0) = y_0$ 이고 모든 $x \in \overline{A}$ 에 대하여 $\overline{\overline{f}}(x) = \overline{f}(x)$ 로 정의하면 이 함수 $\overline{\overline{f}}$ 는 분명히 단사이다. 그러므로 $(\overline{A} \cup \{x_0\}, \overline{\overline{f}}) > (\overline{A}, \overline{f})$. 이것은 $(\overline{A}, \overline{f})$ 가 $\mathscr{I}$ 의 극대원이라는데 모순이므로 $\overline{f} : \overline{A} \to B$ 는 전단사이다. 따라서 $\overline{f}^{-1}$ 는 B 에서 A 의 부분집합 $\overline{A}$ 위로의 단사이다. ◁

따름정리 임의의 집합 A, B 에 대하여 다음이 성립한다.

card$(A) \le$ card(B) 또는 card$(B) \le$ card(A)

그러므로 서로 다른 두 기수 m, n 에 대하여

$$m < n \text{ 또는 } n < m$$

이 성립한다.

연습문제 6.3

1. 부분순서집합 $(A, \leq)$ 의 각 전순서부분집합이 하계를 지니면 A 의 극소원이 존재함을 보여라.

2. 조른의 보조정리는 하우스도르프의 극대원리를 함의한다. 이것을 증명하여라.

3. 추상대수학을 공부한 학생이면 다음을 증명하여라.
항등원(identity)을 지닌 각 **환**(ring)에는 **진 극대 이데알**(proper maximal ideal)이 존재한다.

4. 선형대수학을 공부한 학생이면 다음을 증명하여라.
임의의 벡터공간(vector space)은 기저(basis)를 지닌다.

5. 부분순서집합 $(L, \leq)$ 에 대하여 L 의 임의의 두 원소로 구성된 부분집합 $\{x,y\}$ 의 최소상계, 최대하계가 각각 L 에 (일의적으로) 존재하면, 그리고 그 때에만 $(L, \leq)$ 은 속(lattice)이라고 한다. 여기서 최소상계, 최대하계를 각각 $x \vee y$, $x \wedge y$ 로 나타낸다. 다음을 증명하여라.
속 $(L, \leq)$ 에 있어서 각 연쇄가 상계를 지니면 그 속에는 극대원이 일의적으로 존재한다.

6. 부분순서집합 $(A, \leq)$ 에 있어서 A 의 각 전순서부분집합이 상계를 지닌 때 원소 $a \in A$ 에 대하여 A 에는 극대원 u 가 존재하여 $u \geq a$임을 증명하여라.

7. 집합 B 의 부분집합의 집합 $\mathscr{F}$ 에 대하여 A 의 각 유한부분집합이 $\mathscr{F}$ 에 속하면, 그리고 그 때에만 $A \in \mathscr{F}$ 일 때 $\mathscr{F}$ 는 유한지표(finite character)을 지닌다고 말한다. $\mathscr{F}$ 가 유한지표를 지니면 $(\mathscr{F}, \subset)$ 에는 극대원이 존재함을 증명하여라.

8. 원소가 두 개 이상인 임의의 집합A 에 대하여 $(\forall x \in A)\ [f(x) \neq x]$ 로 정의된 전단사 $f : A \to A$ 가 존재한다. 이것을 증명하여라.

§6.4 제르멜로의 정렬원리

이제 조른의 보조정리를 또다시 응용하여 제르멜로(Ernst Zermelo, 1871−1953)의 **정렬원리**(well-ordering principle)를 증명하도록 한다.

정의4.1 전순서집합 $(A, \leq)$ 에 대하여 A 의 공집합이 아닌 각 부분집합 B 가 **최소원**(least element)을 지니면, 그리고 그 때에만 $(A, \leq)$ 를 **정렬집합**(well ordered set)이라 한다. 즉 각 $x \in B$ 에 대하여 $b \leq x$ 를 만족시키는 B 의 원소 b 가 존재함을 뜻한다. 이와 같은 b 를 B 의 **최소원**(least element)이라고 한다. 그리고 정렬집합 $(A, \leq)$ 에 대하여 관계 $\leq$ 를 **정렬순서**(well-order)라고 한다.

집합 A 위의 정렬순서가 존재하면 A 는 **정렬 가능하다**(can be well-ordered)고 말한다.

예제4.1 (1) 자연수의 집합은 보통관계 "보다 작거나 같다 $\leq$"에 의한 정렬집합이다.

(2) 유리수의 집합은 보통관계 "보다 작거나 같다 $\leq$"에 의한 정렬집합이 아니다.

정리4.1 **〈정렬정리〉** 임의의 집합은 정렬 가능하다.

(증명) 임의로 주어진 집합을 A 라 하고 A 를 정렬 가능하도록 한다. 모든 정렬집합 $(A_\alpha, \leq_\alpha)$ 의 집합 A^* 를 생각한다. 여기서 $A_\alpha \subset A$.

이 경우 A* 위의 부분순서 $\leq^*$ 를 다음과 같이 정의한다. 즉

$(A_\alpha, \leq_\alpha) \leq^* (A_\beta, \leq_\beta)$

$\Leftrightarrow$ (i) $A_\alpha \subset A_\beta$

(ii) $x, y \in A_\alpha$ 에 대하여 $x \leq_\alpha y$ 이면 $x \leq_\beta y$

(iii) $x \in A_\beta - A_\alpha$ 일 때 모든 $y \in A_\alpha$ 에 대하여 $y \leq_\beta x$

우리는 $\leq^*$ 가 A^* 위의 부분순서라는 것을 알 수 있다. 조른의 보조정리를 적용하기 위하여 $(A^*, \leq^*)$ 의 임의의 전순서 부분집합 $\mathcal{L}$ 은 상계를 지닌다는 것을 보이도록 한

다. 이 상계의 자연스러운 후보의 하나는 $\left(\bigcup_{A\in\mathcal{L}} A \le '\right)$ 이다. 여기서 x 와 y 가 적당한 A_α 에 속함으로써 $(A_\alpha, \le_\alpha) \in \mathcal{L}$ 이고 $x \le_\alpha y$ 이면 $x \le ' y$.

분명히 $\left(\bigcup_{A\in\mathcal{L}} A,\ \le '\right)$ 이 A^* 에 속하면 $\left(\bigcup_{A\in\mathcal{L}} A, \le '\right)$ 은 $\mathcal{L}$ 의 상계이다. 다음엔 $\left(\bigcup_{A\in\mathcal{L}} A,\ \le '\right)$ 은 정렬집합인 것으로서 A^* 에 속한다는 것을 증명하기로 한다. 그 증명의 일부로서 관계 $\le '$ 은 $\bigcup_{A\in\mathcal{L}} A$ 위의 전순서인 것을 밝혀야 하는데 그 확인은 학생들에게 맡기기로 한다. $\bigcup_{A\in\mathcal{L}} A$ 의 부분집합으로서 공집합이 아닌 것의 하나를 S 라면 $(A_\alpha,\ \le_\alpha) \in \mathcal{L}$ 가 존재함으로써 A_α 와 S 의 교집합을 얻는다. $(A_\alpha,\ \le_\alpha)$ 는 정렬집합이므로 $S \cap A_\alpha$ 는 일의적으로 최소원, 말하자면 ($S \cap A_\alpha$ 의 원소) x_α 를 지닌다.

한편 임의의 $y \in S$ 에 대하여 $(A_\beta,\ \le_\beta) \in \mathcal{L}$ 이 존재하여 $(A_\alpha,\ \le_\alpha) \le^* (A_\beta,\ \le_\beta)$ 이고 $x_\alpha, y \in A_\beta$. 그러므로 $x_\alpha \le_\beta y$. 따라서 $x_\alpha \le ' y$. 결국 x_α 는 $\le '$ 에 관하여 S 의 최소원이므로 $\left(\bigcup_{A\in\mathcal{L}} A, \le '\right)$ 은 정렬집합이다.

조른의 보조정리에 의하여 $(A^*, \le^*)$ 은 극대원 $(A_1, \le_1)$ 을 지닌다. 이제 $A_1 = A$ 이므로 $(A_1, \le_1)$ 이 정렬집합임을 보이면 충분하다.

이에 반하여 $A_1 \neq A$ 라고 가정하는 경우 임의의 $x_1 \in A - A_1$ 를 택하여 모든 $x \in A_1$ 에 대하여 $x \le_1 x_1$ 와 같이 정의함으로써 $\le_1$ 을 $A_1 \cup \{x_1\}$ 로 확장하면 $(A_1 \cup \{x_1\},\ \leqq_1)$ 은 $\le^*$ 에 관하여 엄밀한 뜻에서 $(A_1, \le_1)$ 보다 크다. 이것은 $(A_1, \le_1)$ 이 $(A^*, \le^*)$ 의 극대원이라는 것에 모순이다. ◁

[주] 정렬원리는 비구성적 명제에 대한 또 하나의 현저한 예에 해당된다. 정리 4.1의 증명은 단지 집합 A 위의 정렬의 존재성을 주장할 뿐A 의 원소를 정렬할 수 있는 방법에 대해서는 아무런 제시도 못하고 있다. 사실 실수의 집합조차 정렬할 수 있는 방법이 알려져 있지 않다.

지금까지 다음과 같은 함의의 순환을 보여왔다.

「선택공리 ⇒ 하우스도르프의 극대원리⇒ 조른의 보조정리
⇒ 정렬원리」

이들 네 원리들이 동치인 것을 보이려면 정렬원리가 선택공리를 함의함을 밝히면 된다.

정리4.2 정렬원리는 선택공리를 함의한다.

(증명) $\mathfrak{I}$ 를 공집합이 아닌 집합을 원소로 하는 공집합이 아닌 집합이라고 하면 정렬원리에 의하여 $\bigcup_{A \in \mathfrak{I}} A$ 위의 전순서 $\leq$ 가 존재함으로써 $\left(\bigcup_{A \in \mathfrak{I}} A, \leq\right)$ 은 정렬집합이다. 그러므로 각 집합 $A \in \mathfrak{I}$ 는 최소원을 지닌다.
따라서 모든 $A \in \mathfrak{I}$ 에 대하여 $f(A) = a$ (a는 A 의 최소원)으로 정의된 함수 $f : \mathfrak{I} \to \bigcup_{A \in \mathfrak{I}} A$ 는 잘 정의된 선택함수이다.
이로써 선택공리를 얻는다. ◁

연습문제 6.4

1. 실수의 집합은 그것의 보통관계 "보다 작다 또는 같다"에 의한 정렬집합이 아님을 보여라.

2. 유리수의 집합은 정렬가능 하다. 이것을 〈정리 4.1〉을 쓰지 말고 직접 증명하여라.

3. 정렬집합의 각 부분집합은 이어받은 순서에 의한 정렬집합이다. 이것을 증명하여라.

4. 부분순서집합 $(A, \leq)$ 에 대하여 A 의 각 부분집합 $B(\neq \varnothing)$ 가 하계를 지닐 때, 즉 $b \in B$ 가 존재하여 모든 $x \in B$ 에 대하여 $b \leq x$ 이면 $(A, \leq)$ 는 전순서집합이므로 정렬집합이다. 이것을 증명하여라.

5. 〈정리4.1〉의 증명에서 정의한바 있는 관계 $\leq^*$ 는 A^* 위의 부분순서임을 증명하여라.

6. 〈정리4.1〉의 증명에서 정의한바 있는 관계 $\leq'$ 은 $\bigcup_{A \in \mathcal{L}} A$ 위의 전순서임을 증명하여라.

7. $(A, \leqq)$ 이 전순서집합일 때 A 의 원소의 수열 $a_1, a_2, a_3, \cdots$ 에 대하여 $a_1 > a_2 > a_3 > \cdots$ 이면 이 수열은 감소한다고 말한다. 전순서집합이 엄밀한 뜻에서 감소하는 무한순열을 지니지 않으면, 그리고 그 때에만 그 집합은 정렬집합임을 증명하여라.

§6.5 초한귀납법의 원리

정의5.1 〈**절편**(segment), **진절편**(proper segment)〉

전순서집합 $(A, \leq)$ 의 부분집합 S 에 대하여

$$y \in S \ \wedge \ x \in A \ \wedge \ x \leq y \Rightarrow x \in S$$

을 만족할 때 S 를 A 의 **절편**(segment)이라고 한다.

특히 S 가 A 의 진부분집합인 경우 이를 A 의 **진절편**(proper segment)이라고 한다.

예제5.1 정렬집합 $(A, \leq)$ 의 임의의 원소 $x \in A$ 에 대하여 공집합 $\varnothing$, A, $A_x = \{ a \in A | a < x \}$ 는 모두 A 의 절편이다.

정리5.1 정렬집합 $(A, \leq)$ 에 대하여 다음이 성립한다.

(1) A 의 임의의 절편들의 합집합 또는 교집합은 A 의 절편이다. 그리고 A 의 절편의 임의의 절편은 또한 A 의 절편이다.

(2) A 의 각 절편 $S\,(S \neq A)$ 에 대하여 적당한 원소 $x \in A$ 가 존재하여 $S = A_x$. 여기서 $A_x = \{a \in A \mid a < x\}$.

증명 (1) A 의 절편의 족을 $\mathscr{F}$ 라 하고 $y \in \bigcup_{S \in \mathscr{F}} S$ 로 놓는다. $x \in A$ 에 대해 $x \leq y$ 이면 y 는 A 의 적당한 절편 $S_0 \in \mathscr{F}$ 에 속하므로 $x \in S_0$. 그러므로 $x \in \bigcup_{S \in \mathscr{F}} S$. 따라서 $\bigcup_{S \in \mathscr{F}} S$ 는 A 의 절편이다. 마찬가지로 A 의 절편의 족의 교집합도 A 의 절편이다.

A 의 절편 S 의 임의의 절편 T 에 대하여 $y \in T$, $x \in A$, $x \leq y$ 이라면, $x \in T$ 인 것을 보이고자 한다. 먼저 y 는 절편 S 에 속하므로 $x \in S$. 따라서 $y \in T$, $x \in S$, $x \leq y$ 와 T 는 S 의 절편이란 가정으로부터 $x \in T$. 이로써 증명이 끝난다.

(2) A 의 절편을 $S(\neq A)$ 라고 하면 공집합이 아닌 집합 $A - S$ 는 최소원 x 를 지닌다. 이 x 에 대하여 $S = A_x$. 이것의 증명은 생략한다. ◁

초한귀납법에 앞서 다음 정리부터 도입한다.

정리5.2 정렬집합 $(A, \leq)$ 의 절편의 집합 $\mathscr{J}$ 에 대하여

(1) $\mathscr{J}$ 의 임의의 구성원들의 합집합이 $\mathscr{J}$ 에 속하고

(2) $A_x \in \mathscr{J} \Rightarrow A_x \cup \{x\} \in \mathscr{J}$

그러면 A 의 모든 절편은 $\mathscr{J}$ 에 속한다.

증명 적당한 원소 $x \in A$ 가 존재하여 $\mathscr{J}$ 에 속하지 않는 A 의 절편 A_x 가 존재한다고 가정한다. 그러면 $(A, \leq)$ 는 정렬집합이므로 A 의 부분집합 $B = \{x \in A \mid A_x \notin \mathscr{J}\}$ $(B \neq \varnothing)$ 은 최소원 a 를 지닌다. 즉 $a \in B$ 이므로 $A_a \notin \mathscr{J}$. $y \in A$ 이고 $y < a$ 이면 $y \notin B$ 이므로 $A_y \in \mathscr{J}$. 따라서 가정 (1)에 의하여 $\bigcup_{y<a} A_y \in \mathscr{J}$. 한편 〈정리5.1〉에 의하여 적당한 $b \in A$ 가 존재하여 $\bigcup_{y<a} A_y = A_b$. 그러므로 $b < a$. 이제 가정 (2)와 〈정리 5.1〉을 이용하여 다음을 얻는다. 적당한 $c \in A$ 에 대하여 $A_b \cup \{b\} = A_c \in \mathscr{J}$. 그러므로 $b < c < a$. 따라서

$$b \in A_c \subset \bigcup_{y<a} A_y = A_b .$$

이것은 $b \notin A_b$ 라는 사실에 모순이다. 그러므로 $x \in A$ 에 대하여 $A_x \in \mathscr{J}$. 다음에는 $A \in \mathscr{J}$ 임을 증명할 것이 남아 있다. 그런데 가정 (1)과 앞의 증명에 의하여 $\bigcup_{x \in A} A_x \in \mathscr{J}$. 여기서 $\bigcup_{x \in A} A_x = A$ 라면 더 이상 증명할 것도 없다. 한편 $\bigcup_{x \in A} A_x \neq A$ 라고 가정하면 적당한 $d \in A$ 가 존재하여 $\bigcup_{x \in A} A_x = A_d$. 이 경우 가정 (2)에 의하여 $A_d \cup \{d\} \in \mathscr{J}$. 여기서 모든 $x \in A$ 에 대해 $x \leq d$ 이므로 $A = A_d \cup \{d\} \in \mathscr{J}$. 즉 $A \in \mathscr{J}$. ◁

[참고] 〈정리5.2〉의 가정 (1)은 $\varnothing \in \mathscr{J}$ 를 함의한다. 왜냐하면 가정 (1) " $\mathscr{J}$ 의 구성원의 임의의 합집합은 $\mathfrak{J}$ 에 속한다." 에 있어서 $\mathscr{J}$ 의 구성원의 "공집합(empty union)[제2장]"을 택함으로써 " $\varnothing \in \mathscr{J}$ "를 유도할 수 있기 때문이다. 따라서 $\mathscr{J} \neq \varnothing$.

정리5.3 **〈초한귀납법의 원리〉**

(1) $(A, \leq)$ 가 정렬집합이고 $p(x)$ 는 각 $x \in A$ 에 대한 명제이다.

(2) 각 $x \in A$ 에 대하여 $y < x$ 인 모든 y 에 대하여 $p(y)$ 가 참이면 $p(x)$ 도 참이다.

그러면 모든 $x \in A$ 에 대하여 $p(x)$ 는 참이다.

(증명) 이 정리의 결론에 반하여 $p(x)$ 가 거짓인 $x \in A$ 가 존재한다고 가정하면

$$B = \{x \in A \mid p(x) \text{는 거짓이다}\}$$

는 A 의 부분집합으로서 공집합이 아니다. 따라서 B 에는 최소원 x_0 이 존재한다. 즉 $x_0 \in B$ 이므로 $p(x_0)$ 은 거짓이다. 지금 $y \in A$ 이고 $y < x_0$ 이면 $y \notin B$. 그러므로 $p(y)$ 는 참이다. 이 때 모든 $y < x_0$ 에 대하여 $p(y)$ 가 참이므로 가정 (2)에 의하여 $p(x_0)$ 도 참이다. 이것은 $p(x_0)$ 가 거짓이라는 데에 모순이다. 따라서 모든 $x \in A$ 에 대하여 $p(x)$ 는 참이다. ◁

다음 정리는 초한귀납법을 써서 수학적 결과를 증명하는데 볼 수 있는 전형적인 예이다. 이 정리는 제7장에서 서수를 다룰 때도 이용되겠지만 여기서는 우선 다음 정의부터 내리도록 한다.

정의5.2 **〈함수의 증가**(increasing)**〉**

$(A, \leq)$, $(B, \leq')$가 각각 정렬집합일 때 함수 $f : A \to B$ 가 다음을 만족할 때

$$a \leq a' \Rightarrow f(a) \leq' f(a')$$

f 는 **증가한다**(increasing)고 말한다. 특히 $f : A \to B$ 가 다음을 만족할 때

$$a < a' \Rightarrow f(a) <' f(a')$$

f 는 **순증가한다**(strictly increasing)고 말한다.

정리5.4 정렬집합 $(A, \leq)$, $(B, \leq')$ 에 대하여 함수 $f : A \to B$ 가 증가하고, $f(A)$ 가 B 의 절편이며, 함수 $g : A \to B$ 는 순증가하면 모든 $x \in A$ 에 대하여 $f(x) \leq' g(x)$ 을 만족한다.

(증명) 초한귀납법을 사용코자 각 $x \in A$에 명제술어

$$f(x) \leq' g(x)$$

를 $p(x)$ 로 나타낸다. 여기서 $p(x)$ 로 하여금 정리 5.3의 가정 (2)를 만족시키는가를 보고자 이에 반하여 적당한 $a \in A$ 가 존재함으로써 $x < a$ 인 모든 x 에 대해서 $p(x)$ 가

참이지만 $p(a)$ 는 거짓, 즉 $x < a$ 인 모든 x 에 대하여

$$f(x) \leq' g(x) \text{ 이고 } g(a) <' f(a)$$

라고 가정한다. 한편 주어진 가정에 의하여 f 는 증가하고 g 는 순증가하므로 $x < a$ 인 모든 x 와 $a \leq y$ 인 모든 y 에 대하여 다음을 얻는다.

$$f(x) \leq' g(x) <' g(a) <' f(a) \leq' f(y)$$

그러므로 $g(a) <' f'(a)$ 이고 $g(a) \not\in f(A)$. 이것은 $f(A)$ 가 B 의 절편이란 가정에 모순이다. 따라서 각 $x \in A$ 에 대하여, $y < x$ 인 모든 y 에 대하여 $f(y) \leq' g(y)$ 이면 $f(x) \leq' g(x)$.

그러므로 초한귀납법의 원리에 의하여 모든 $x \in A$ 에 대하여 $f(x) \leq' g(x)$. ◁

연습문제 6.5

1. N 의 각 $k \in \mathrm{N}$ 에 대하여 $\mathrm{N}_k = \{1,2,3,\ldots,k\}$ 일 때 $(\mathrm{N}, \leq)$ 의 모든 절편을 구하여라. 여기서 $\leq$ 은 자연수의 보통관계 「보다 작거나 같다」를 나타낸다.

2. 〈예제 5.1〉의 명제를 증명하여라.

3. $(A, \leq)$ 가 정렬집합일 때 다음을 증명하여라.
   (a) A 의 절편들의 임의의 족의 교집합은A 의 절편이다.
   (b) 각 $x \in A$ 에 대하여 $A_x \cup \{x\}$ 는 A 의 절편이다.

4. 〈정리 5.1〉 (2)의 증명을 완성하여라.

5. 〈정리 5.3〉을 직접 증명하여라.

6. $(A, \leq)$, $(B, \leq ')$ 가 각각 정렬집합일 때 함수 $f : A \to B$ 는 증가함으로써 $f(A)$가 B의 절편이면 A 의 임의의 절편 X 에 대하여 $f(X)$ 는 B 의 절편이다. 이것을 증명하여라.

7. 정렬집합 $(A, \leq)$에 대하여 A의 각 부분집합이 위로 유계이면 A는(일의적으로) 최소상계를 지닌다. 이것을 증명하여라.

8. $(A, \leq)$ 가 정렬집합일 때 각 $x \in A$ 에 대하여 x 는 A 의 절편 A_x 의 상계임을 증명하여라.

9. 〈정리5.2〉의 증명에 있어서 $b < a$ 임을 증명하여라.

제 7 장

서수

§7.1 서수의 개념

막연한 말이지만 유한 산수에 있어서 기수란 **셈수** 1, 2, 3, … 이고 **서수**는 첫째, 둘째, 셋째, …등과 같이 나타내는데 쓰이는 수이다. 유한기수와 유한서수 사이의 구분은 대단히 분명하므로 자연수는 양쪽 자격으로 활용되고 있다. 그런데 **무한서수**는 정확히 무엇인가? 바로 초한기수가 무한집합으로부터 기인되듯이 무한(초한)서수는 무한정렬집합으로부터 기인된다. 정렬집합에 대한 다음 정의는 일반집합에서의 대등관계와 비슷하다.

정의1.1 〈**순서동형적**(order-isomorphic)〉
정렬집합 $(A, \le)$,$(B, \le ')$ 에 대하여 전단사 함수 $f : A \to B$ 가 존재하여 $a_1, a_2 \in A$ 이고 $a_1 \le a_2$ 이면 $f(a_1) \le ' f(a_2)$ 일 때 이 두 정렬집합은 **순서동형적**(order-isomorphic)이라 하고 함수 f 를 **순서동형**(order-isomorphism)이라고 부른다.

예제1.1 함수 $f : A \to B$ 가 순서동형이면 $f^{-1} : B \to A$ 도 순서동형이다. 또한 $g : B \to C$ 가 순서동형이면 합성함수 $g \circ f : A \to C$ 도 순서동형이다.

$(A, \le)$,$(B, \le ')$ 가 순서동형적일 때 $(A, \le) \approx (B, \le ')$ 또는 간단히 $A \approx B$ 로 나타낸다. 순서동형적 관계 「$\approx$ 」는 대등관계「$\sim$ 」와 같이 반사적, 대칭적 그리고 추이적이다.

<서수의 공리(Axiom of ordinality)>
일반적인 근본개념으로서 다음 규칙에 따른 유한 또는 초한서수를 생각하기로 한다.

O1. 각 정렬집합 $(A, \le)$ 에 대하여 $\mathrm{ord}(A, \le)$ 로 표시된 하나의 서수가 결부되고, 각 서수 α 에 대하여 $\mathrm{ord}(A, \le) = \alpha$ 인 하나의 정렬집합 $(A, \le)$ 가 존재한다.

O2. 정렬집합 $(A, \leq), (B, \leq ')$ 에 대하여 $(A, \leq) \approx (B, \leq ')$ 이면, 그리고 그때에만 $\mathrm{ord}(A, \leq) = \mathrm{ord}(B, \leq ')$.

원소의 수가 같은 임의의 두 유한정렬집합은 순서동형적이다. 그러므로 다음과 같은 표시법을 받아들이기로 한다.

O3. $A = \varnothing$ 이면, 그리고 그 때에만 $\mathrm{ord}(A, \leq) = 0$

O4. 정렬집합 $(A, \leq)$ 에 대하여 적당한 $k \in \mathrm{N}$ 가 존재하여 $A \sim \{1,2,3,\dots,k\}$ 이면 $\mathrm{ord}(A, \leq) = k$.

[참고] 자연수의 집합 N 의 서수는 보통관계 **보다 작다 또는 같다**를 생각할 때 관습상 희랍어 오메가 ω 로 나타낸다. 즉

$$\omega = \mathrm{ord}(\{1,2,3,\cdots\},\ \leq)$$

예제1.2 주어진 집합의 기수는 단지 하나만 존재한다. 그러나 하나의 집합의 서수는 상이한 정렬에 따라 서로 다를 수 있다. 이를테면 자연수의 집합은 다음과 같이 두 가지로 정렬될 수도 있다.

$$(\mathrm{N}, \leq) = \{1,2,3,\cdots\},\ (\mathrm{N}, \leq ') = \{1,3,5,\cdots,2,4,6,\cdots\}$$

이 두 정렬집합이 순서동형적이 아니다.

이 경우 $\mathrm{ord}(\mathrm{N}, \leq) = \omega$. 그러나 $\mathrm{ord}(\mathrm{N}, \leq ') \neq \omega$.

연습문제 7.1

1. 유한정렬집합 $(A, \leq)$, $(B, \leq')$ 에 대하여 A 와 B 가 대등하면 $(A, \leq)$ 와 $(B, \leq')$ 는 순서동형적이다. 이를 증명하여라.

2. 전순서집합 $(A, \leq)$ 에 대하여 A 는 그 부분집합 B 와 C 의 합집합으로서 B 와 C 는 각각 A 위의 전순서 $\leq$ 로부터 이어받은 순서에 따른 정렬집합일 때 $(A, \leq)$ 는 정렬집합이다. 이것을 증명하여라.

3. 두 정렬집합

$$(\mathbb{N}, \leq) = \{1, 2, 3, \cdots\}, \ (\mathbb{N}, \leq') = \{1, 3, 5, \cdots, 2, 4, 6, \cdots\}$$

에 대하여 $(\mathbb{N}, \leq)$ 과 $(\mathbb{N}, \leq')$ 은 순서동형적이 아니다. 이것을 증명하여라.

4. 〈문제 3〉의 $(\mathbb{N}, \leq')$ 은 정렬집합임을 증명하여라.

§7.2 서수의 순서

1절의 규칙 O2 는 어느 때 서수가 같고 어느 때 같지 않은가를 말해주고 있다. 두 서수가 같지 않을 때 바람직한 것은 그 중의 하나가 다른 서수 「보다 작다」 라고 말할 수 있는 일이다. 다음은 바로 그 같은 목적을 위하여 내려진 정의이다.

정의2.1 서수 α, β 와 정렬집합 $(A, \leq)$, $(B, \leq ')$ 에 대하여

$$\alpha = \mathrm{ord}(A, \leq), \ \ \beta = \mathrm{ord}(B, \leq ')$$

일 때 $(A, \leq)$ 가 $(B, \leq ')$ 의 하나의 절편과 순서동형적이면, 그리고 그 때에만 α **는** β **보다 작거나 같다**고 말하고 이것을 $\alpha \preccurlyeq \beta$ 또는 $\beta \succcurlyeq \alpha$ 로 나타낸다.

한편 $\alpha \preccurlyeq \beta$ 이고 $\alpha \neq \beta$ 일 때 이것을 $\alpha < \beta$ 또는 $\beta > \alpha$ 로 나타낸다.

정리2.1 임의의 정렬집합 $(A, \leq)$ 에 대하여 그 절편 위로의 순서동형으로서는 오직 A 위의 항등함수 I_A 가 존재할 뿐이다.

증명 이 정리의 결론에 반하여 A 의 적당한 절편 A_a 에 대하여 순서동형 $f : A \to A_a$ 가 존재한다고 가정한다. 그러면 $f(a) < a$ 이므로 $B = \{x \in A \mid f(x) < x\}$ 는 공집합이 아니다. 여기서 B 의 최소원을 b 라고 하면 $f(b) < b$. 그런데 순서동형은 엄밀한 뜻에서 증가하므로 $f(f(b)) < f(b)$. 이것은 B 에 그 최소원 b 보다 작은 원소 $f(b)$ 이 속한다는 것을 뜻하므로 모순이다. 이 모순으로 하여금 정렬집합에서 그 임의의 진절편에로의 순서동형이 존재하지 않음을 알 수 있다. 이 정리의 증명을 완성하려면 A 에서 A 위로의 순서동형은 오직 항등함수 $I_A : A \to A$ 뿐임을 보여야 한다.

지금 $g : A \to A$ 를 순서동형이라고 하면 $g : A \to A$ 와 항등함수 $I_A : A \to A$ 는 모두 엄밀한 뜻에서 증가한다.

그러므로 제 6 장 정리 5.4를 두 번 이용하면 모든 $x \in A$ 에 대하여 $I_A(x) \leq g(x) \leq I_A(x)$. 따라서 $I_A(x) = g(x)$. ◁

정리2.2 임의의 서수 α, β 에 대하여

$$\alpha \preccurlyeq \beta \text{ 이고 } \beta \succcurlyeq \alpha \text{ 이면 } \alpha = \beta.$$

(증명) 두 정렬집합 $(A,\le)$, $(B,\le')$ 에 대하여

$$\alpha=\operatorname{ord}(A,\le),\ \ \beta=\operatorname{ord}(B,\le')$$

라고 하면 가정 $\alpha \preccurlyeq \beta$ 와 $\beta \succcurlyeq \alpha$ 에 의하여 두 순서동형 $f:A\to D$, $g:B\to C$ 가 존재한다. 여기서 C, D 는 각각 A, B 의 절편이다. 그러므로 모든 $x\in A$ 에 대하여 $h(x)=g(f(x))$ 로 정의된 함수 $h:A\to D$ 는 A 에서 C 의 절편, 말하자면 E 로의 순서동형이다. 정리 2.1에 의하여 $E=A$. 따라서 $C=A$ 와 함께 순서동형 $g:B\to A$ 에 의하여 $\alpha=\beta$. ◁

이상으로 서수에 대한 관계 $\preccurlyeq$ 는 부분순서란 것의 증명을 끝냈다. 이 성질은 다음 정리에 의하여 전순서로 강화된다.

정리2.3 임의의 서수 α, β 에 대하여 $\alpha \preccurlyeq \beta$ 또는 $\beta \succcurlyeq \alpha$.

(증명) 두 정렬집합 $(A,\le)$, $(B,\le')$ 에 대하여

$$\alpha=\operatorname{ord}(A,\le),\ \ \beta=\operatorname{ord}(B,\le')$$

라고 할 때 A 는 B 의 절편과 순서동형이거나 B 가 A 의 절편과 순서동형인 것을 증명하면 된다.

A 의 원소 a 에 대하여 B 의 원소 b 가 존재함으로써 A 의 절편 A_a 와 B 의 절편 B_b 가 순서동형적일 때 a 는 **용인적**(admissible)이라고 하자. 지금 A 의 모든 용인적 원소의 집합을 M 이라고 하면 정리 2.1에 의하여 각 용인적 원소 a 에 대하여 B 의 원소 b 가 일의적으로 존재하여 $A_a \approx B_b$.

그러므로 $A_a \approx B_b$ 이면 $f(a)=b$ 로서 잘 정의된 함수 $f:M\to B$ 가 존재한다. 또한 정리 2.1의 결과에 따라 함수 $f:M\to B$ 는 단사이다.

여기서 $f:M\to B$ 는 엄밀한 뜻에서 증가하고 $f(M)=N$ 은 B 의 절편임을 알 수 있다.

이제 A 는 B 의 절편과 순서동형이 아니고 B 도 A 의 절편과 순서동형이 아니라면 $A-M$ 과 $B-N$ 은 모두 공집합이 아니다. 그러므로 $A-M$, $B-N$ 의 최소원을 각각 p, q 라고 할 때 $A_p=M\approx N=B_q$. 따라서 p 는 용인적이다. 즉 $p\in M$. 이것은 $p\notin M$ 에 모순이다. ◁

정리2.4 정렬집합 $(A, \leq)$, $(B, \leq')$ 에 대하여
$\mathrm{ord}(A, \leq) < \mathrm{ord}(B, \leq') \Leftrightarrow A$ 가 B 의 진절편과 순서 동형적이다.

이제 이 절의 결과들을 다음과 같은 **삼자택일**(trichotomy) 정리로 요약할 수 있다.

정리2.5 **〈삼자택일정리〉** 임의의 두 서수 α, β에 대하여 다음 중 꼭 하나만이 참이다.

(1) $\alpha < \beta$ (2) $\alpha = \beta$ (3) $\alpha > \beta$

연습문제 7.2

1. ord$\{1,3,5,\cdots,2,4,6,\cdots\}$ > ord$\{1,2,3,\ \cdots\}$ 임을 보여라.

2. 〈정리2.3〉의 증명에 나타나 있는 다음 주장을 증명하여라.
   각 용인적 원소 a 에 대하여 원소 $b \in B$ 가 일의적으로 존재함으로써 $A_a \approx B_b$.

3. 〈정리2.3〉의 증명에 있어서 용인적 원소의 집합 M 은 A 의 절편이다. 이것을 증명하여라.

4. 〈정리2.3〉에 나타난 함수 $f : M \to B$ 를, $A_a \approx B_b$일 때 $f(a)=b$와 같이 정의하면, 이 함수는 단사이고 엄밀한 뜻에서 증가한다. 그리고 $f(M)$ 은 B 의 절편이다. 이것을 증명하여라.

5. 〈정리2.4〉를 증명하여라.

6. 임의의 자연수 k에 대하여 다음을 증명하여라.
   (1) ord$\{k, k+1, k+2,\ \cdots\} = \omega$
   (2) ord$\{k, k+1, k+2, \cdots, 0, 1, 2, 3, \cdots, k-1\}$ > ω

7. 가장 작은 초한서수를 말하여라.

§7.3 서수의 덧셈

정의3.1 서로 소인 두 정렬집합 $(A,\le),(B,\le')$ 에 대하여 $A\cup B$ 위의 전순서 $\le^*$ 를 다음과 같이 정의한다.

$a\le^* b \;\rightleftharpoons\;$ (1) a 와 b 가 모두 A (또는B)의 원소일 때 $a\le b$ (또는 $a\le' b$).
(2) $a\in A$ 이고 $b\in B$ 이면 $a\le^* b$.

예제3.1 위의 집합 $(A\cup B,\le^*)$는 정열집합이다.

두 서수의 합 $\mathrm{ord}(A,\le)+\mathrm{ord}(B,\le')$ 에 대한 자연스러운 후보로는 $\mathrm{ord}(A\cup B,\le^*)$ 이다. 그러나 A 와 B 가 서로 소가 아닌 경우에는 이외의 다른 작업이 조금 필요하다.

카테시안곱 $A\times\{0\}$, $B\times\{1\}$ 를 구성한 후 $A\times\{0\}$ 위의 정렬$\le_0$ 을 $(A,\le)$ 에 있어서

$$a\ \le\ b \Leftrightarrow (a,0)\ \le_0 (b,0)$$

인 것으로 정의한다. 마찬가지로 $B\times\{1\}$ 위의 정렬 $\le_1$ 도

$$c\ \le' d \Leftrightarrow (c,1)\ \le_1 (d,1)$$

인 것으로 정의한다. 여기서 $A\times\{0\}$ 과 $B\times\{1\}$ 은 서로 소이고 $(A\times\{0\},\le_0)\approx(\mathrm{A},\le)$, $(B\times\{1\},\le_1)\approx(\mathrm{B},\le')$. 그러므로 A 와 B 가 서로 소가 아니면 이들 대신 $(A\times\{0\},\le_0)$, $(B\times\{1\},\le_1)$ 를 각각 이용한다.

정의3.2 두 서수 $\alpha=\mathrm{ord}(A,\le)$, $\beta=\mathrm{ord}(B,\le')$ 에 대하여 $\mathrm{ord}(A\cup B,\le^*)$ 를 α 와 β 의 **서수합**(ordinal sum) 이라 하고 이것을 $\alpha+\beta$ 로 나타낸다. 즉

$$\alpha+\beta=\mathrm{ord}(A\cup B,\le^*)$$

여기서 $A\cap B=\varnothing$.

α 와 β 가 유한서수이면 서수합 $\alpha+\beta$ 는 음이 아닌 두 정수의 보통 합과 일치한다. 그러나 초한서수에 대해서는 서수합의 성질이 유한서수인 경우와는 대단히 다를 수 있다.

이를테면 $\alpha+\beta$ 가 $\beta+\alpha$ 와 같아야 할 필요는 없다(예제 3.3 참조).

예제3.2 두 유한서수 5 와 4 의 서수합 5+4 를 구하여라.

풀이 $5=\text{ord}\{0,1,2,3,4\}$, $4=\text{ord}\{5,6,7,8\}$.
그러므로 $5+4=\text{ord}\{0,1,2,3,4,5,6,7,8\}=9$
따라서 $5+4=9$.

서수의 합에 대하여 반드시 교환법칙이 성립하는 것은 아니다.

예제3.3 0 이 아닌 임의의 유한서수 k 에 대하여 $k+\omega=\omega$. 그러나 $\omega+k\neq\omega$. 이것을 밝혀라.

증명 $k=\text{ord}\{0,1,2,\cdots,k-1\}$, $\omega=\text{ord}\{k,k+1,k+2,\cdots\}$.

그러므로

$$k+\omega=\text{ord}(\{0,1,2,\cdots,k-1,\}\cup\{k,k+1,\cdots\})=\omega,$$

$$\omega+k=\text{ord}\{k,k+1,k+2,\cdots,\ 0,1,2,\cdots,k-1\}>\omega$$

따라서 $\omega+k\neq\omega$. ◁

정리3.1 임의의 서수 α,β,γ 에 대하여 다음이 성립한다.

(1) **결합법칙** : $(\alpha+\beta)+\gamma=\alpha+(\beta+\gamma)$

(2) $\beta<\gamma\Rightarrow\alpha+\beta<\alpha+\gamma$

(3) **좌소거법칙** : $\alpha+\beta=\alpha+\gamma\Rightarrow\beta=\gamma$

증명 (2) 정렬집합$(A,\leq)$, $(B,\leq')$, $(C,\leq'')$ 에 대하여

$$\text{ord}(A,\leq)=\alpha,\ \text{ord}(B,\leq')=\beta,\ \text{ord}(C,\leq'')=\gamma,$$

$$A\cap B=\varnothing,\ A\cap C=\varnothing$$

라고 하면 $\beta<\gamma$ 이므로 정리 2.4에 의하여 B 는 C 의 적당한 진절편 C_z 와 순서동형적이다. 이 순서동형을 $g:B\to C_z$ 로 나타낸다.

지금 서로 소인 집합의 합집합 $A \cup B$, $A \cup C$ 위에 이 절의 서두에서 정의한 정렬 $\leq^*$ 들을 각각 부여하면 그 정렬들 밑에서

$$f(x) = \begin{cases} x, & \text{if } x \in A \\ g(x), & \text{if } x \in B \end{cases}$$

로 정의된 함수 $f : A \cup B \to A \cup C$ 는 $A \cup B$ 에서 $A \cup C$ 의 진절편 $A \cup C_z$ 위로의 순서동형이다. 그러므로 정리 2.4에 의하여

$$\alpha + \beta < \alpha + \gamma$$

(3) (3)의 결론을 부정하여,

서수 α, β, γ 가 존재하여 $\alpha + \beta = \alpha + \gamma$, $\beta \neq \gamma$ 라고 가정하면 정리 2.5 에 의하여 $\beta < \gamma$ ($\gamma < \beta$ 일 경우도 같은 방법으로 다룰 수 있다). 따라서 (2)에 의하여 $\alpha + \beta < \alpha + \gamma$. 이것은 가정 $\alpha + \beta = \alpha + \gamma$ 에 모순이다. 그러므로 (3)는 성립한다. ◁

[참고] 서수의 합에 있어서 좌소거법칙은 성립하지만 우소거법칙은 반드시 성립하지는 않다. 즉

$$\beta + \alpha = \gamma + \alpha \Rightarrow \beta = \gamma$$

이 항상 만족하지는 않는다.

마찬가지로 〈정리3.1〉(2)에 반하여 $\beta < \gamma \Rightarrow \beta + \alpha < \gamma + \alpha$ 가 항상 성립하지는 않는다.

연습문제 7.3

1. 정렬집합$(A_1, \leq_1)$, $(A_2, \leq_2)$, $(B_1, \leq_1')$, $(B_2, \leq_2')$ 에 대하여
$A_1 \approx A_2$, $B_1 \approx B_2$, $A_1 \cap B_1 = \varnothing$, $A_2 \cap B_2 = \varnothing$ 이면
$(A_1 \cup B_1, \leq_1^*) \approx (A_2 \cup B_2, \leq_2^*)$. 이것을 증명하여라.

2. 임의의 서수 α 에 대하여 $\alpha + 0 = \alpha = 0 + \alpha$ 임을 보여라.

3. 서수의 합에 있어서 결합법칙이 성립한다. 즉 임의의 서수 α, β, γ 에 대하여
$(\alpha + \beta) + \gamma = \alpha + (\beta + \gamma)$.

4. $\beta + \alpha = \gamma + \alpha$ 이지만 $\beta \neq \gamma$ 인 서수 α, β, γ 가 존재한다. 이러한 반례 하나를 들어라.

5. 다음은 〈정리 3.1〉(2)를 완화한 것이다. 이것을 증명하여라.
서수 β, γ 에 대하여 $\beta < \gamma$ 이면 임의의 서수 α 에 대하여 $\beta + \alpha \leqq \gamma + \alpha$.

6. 〈문제 5〉에 있어서 $\beta < \gamma$ 는 반드시 $\beta + \alpha < \gamma + \alpha$ 를 함의하지는 않음을 보여라.

7. 임의의 서수 α, β 에 대하여 $\alpha + 1 \leq \beta$ 이면, 그리고 그 때에만 $\alpha < \beta$ 이다. 이것을 증명하여라.

8. 〈정리3.1〉(2)의 역 즉 $\alpha + \beta < \alpha + \gamma \Rightarrow \beta < \gamma$ 를 증명하여라.

9. 서수 α, γ 에 대하여 $\alpha \leq \gamma$ 이면 서수 β 가 일의적으로 존재함으로써 $\alpha + \beta = \gamma$ [이러한 β 를 $(-\alpha) + \gamma$ 로 나타낸다]. 이것을 증명하여라.

10. 임의의 서수 α 에 대하여 $\alpha + 1 > \alpha$ 임을 증명하여라.

11. 서수로서 모든 다른 서수들보다 큰 것이 존재하는가?

§7.4 서수의 곱셈

기수에 있어서 두 기수 $\mathrm{card}A$, $\mathrm{card}B$의 곱을 $\mathrm{card}(A\times B)$로 정의한 바 있다. 두 서수 $\mathrm{ord}(A,\leqq)$, $\mathrm{ord}(B,\leqq')$의 **곱**을 정의하려는데 있어서 먼저 카테시안곱 $A\times B$위에 무슨 정렬을 부여할 것인가를 결정하여야 한다. 그러한 정렬로는 아래에서 정의된 이른바 **사전식순서**와 **역사전식순서**를 소개한다.

정의4.1 〈**사전식 순서**(lexicographic ordering)〉

정렬집합 $(A,\leq),(B,\leq')$ 에 대하여 $A\times B$ 위의 **사전식 순서**(lexicographic ordering)를 다음과 같이 정의한다.

(1) A 의 임의의 원소 a,x 에 대하여

$a<x$ 이면 $(a,b)<^*(x,y)$

(2) $a=x$ 이고 $b\leq' y$ 이면 $(a,b)\leq^*(x,y)$

정의4.2 〈**역사전식 순서**(antilexicographic ordering)〉

정렬집합 $(A,\leq),(B,\leq')$ 에 대하여 $A\times B$ 위의 **역사전식 순서**(antilexicographic ordering)를 다음과 같이 정의한다.

(1) B 의 임의의 원소 b,y 에 대하여

$b<' y$ 이면 $(a,b)<^*(x,y)$

(2) $b=y$ 이고 $a\leq x$ 이면 $(a,b)\leq^*(x,y)$

정리4.1 정렬집합 $(A,\leq),(B,\leq')$에 대하여 $A\times B$ 위의 역사전식 순서는 그 위의 정렬이다.

(증명) 역사전식순서 $\leq^*$가 $A\times B$ 위의 전순서인 것은 분명하다. 이 전순서 $\leq^*$가 정렬임을 보이기 위하여 $A\times B$의 임의의 공집합이 아닌 부분집합을 S 라고 할 때, S 에 최소원이 존재함을 증명하기로 한다.

먼저 집합

$$P_B(S) = \{y \in B \mid \text{적당한 } x \in A\text{에 대하여 } (x,y) \in S\}$$

는 정렬집합 B의 공집합이 아닌 부분집합인 것을 알 수 있다. 그러므로 집합 $P_B(S)$에는 최소원 b_0가 존재한다. 이제 집합

$$\{x \in A \mid (x, b_0) \in S\}$$

를 생각하면 이것은 정렬집합 A 의 공집합이 아닌 부분집합이므로 최소원 a_0 를 지닌다. 여기서 S의 원소 (a_0, b_0)는 S의 최소원인 것이 분명하다. 그러므로 $(A \times B, \leqq^*)$는 정렬집합이다. ◁

정리4.2 정렬집합 $(A_1, \leq_1)$, $(A_2, \leq_2)$, $(B_1, \leq_1')$, $(B_2, \leq_2')$에 대하여 $(A_1, \leq_1) \approx (A_2, \leq_2), (B_1, \leq_1') \approx (B_2, \leq_2')$ 이면

$$(A_1 \times B_1,\ \leq_1^*)\ \approx\ (A_2 \times B_2,\ \leq_2^*)$$

증명 $f : A_1 \to A_2$, $g : B_1 \to B_2$ 를 각각 순서동형이라 할 때 임의의 $(x,y) \in A_1 \times B_1$에 대하여

$$(f \times g)(x,y) = (f(x), g(y))$$

로 정의된 함수

$$f \times g : A_1 \times B_1 \to A_2 \times B_2$$

는 순서동형이다. 이것의 증명은 연습문제로 둔다.

그러므로 $(A_1 \times B_1,\ \leq_1^*)\ \approx\ (A_2 \times B_2,\ \leq_2^*)$. ◁

위의 〈정리 4.1〉과 〈정리 4.2〉로 하여금 우리는 두 서수의 곱을 다음과 같이 정의한다.

정의4.3 **〈서수곱(ordinal product)〉**

정렬집합 $(A, \leq)$, $(B, \leq')$에 대하여

$$\mathrm{ord}(A, \leq) = \alpha,\ \ \mathrm{ord}(B, \leq') = \beta$$

일 때 $\mathrm{ord}(A \times B,\ \leq^*)$를 α와 β의 **서수곱**(ordinal product)이라 하고 이것을 $\alpha\beta$로 나타낸다. 여기서 $\leq^*$은 $A \times B$ 위의 역사전식순서 이다. 즉

$$\alpha\beta = \mathrm{ord}(A \times B,\ \leq^*)$$

[참고] 서수곱에 있어서 교환법칙이 반드시 성립하지는 않는다. 따라서 $\mathrm{ord}(A\times B, \leq^*)$ 는 $\alpha\beta$ 와 같지만 $\beta\alpha$ 와는 같지 않다는 것을 주의해야 한다.

예제4.1 서수곱 2ω와 $\omega 2$ 를 비교하여라.

풀이 $(A, \leq)=\{0,1\}$, $(B, \leq')=\{1,2,3,\dots\}$라고 놓으면

$$\mathrm{ord}(A, \leq)=2,\ \mathrm{ord}(B, \leq')=\omega$$

$A\times B$ 위에 역사전식 순서를 부여함으로써

$$2\omega=\mathrm{ord}(A\times B, \leq^*)$$

그런데 다음과 같이 정의된 함수 $f: A\times B\to A$는 순서동형이다.

$$f(j,k)=\begin{cases}2k-1, & \text{if } j=0\\ 2k, & \text{if } j=1\end{cases}$$

따라서 $2\omega=\omega$.

마찬가지로 $B\times A$ 위에 역사전식 순서 $\leq'^*$를 부여함으로써

$$\omega 2=\mathrm{ord}(B\times A, \leq'^*)$$

를 얻는다. 여기서 우리는 $\mathrm{ord}(B\times A, \leq'^*)=\omega+\omega$ 임을 확인할 수 있다. 그런데 $\omega<\omega+\omega$. 따라서 $2\omega\neq\omega 2$.

정리4.3 임의의 서수 α,β,γ 에 대하여 다음이 성립한다.

(1) **결합법칙** : $(\alpha\beta)\gamma=\alpha(\beta\gamma)$

(2) **좌분배법칙** : $\alpha(\beta+\gamma)=\alpha\beta+\alpha\gamma$

증명 증명은 연습문제로 둔다.

정리4.4 임의의 서수 $\alpha,\beta,\gamma\ (\gamma>0)$ 에 대하여 다음이 성립한다.

(1) $\alpha<\beta\Rightarrow\gamma\alpha<\gamma\beta$

(2) 좌소거법칙 : $\gamma\alpha=\gamma\beta\Rightarrow\alpha=\beta$

증명 (1) 정렬집합 $(A, \leq)$, $(B, \leq')$, $(C, \leq'')$에 대하여

$$\mathrm{ord}(A, \le) = \alpha, \mathrm{ord}(B, \le ') = \beta, \mathrm{ord}(C, \le '') = \gamma$$

라고 놓는다.

지금$\alpha < \beta$이면 적당한 원소 $q \in B$ 가 존재하여 $A \approx B_q$ 이다. C 의 최소원을 p 라하고 $C \times A$ 와 $C \times B$ 위에 각각 역사전식순서를 부여하면 $C \times B$ 로부터 이어받은 순서 하에 $C \times A$ 와 $C \times B_q$ 는 동형적이다. 이때 $C \times B_q$ 는 $C \times B$ 의 절편

$$(C \times B)_{(p,q)} = \{(\mathrm{x,y}) \in \mathrm{C} \times \mathrm{B} \mid (\mathrm{x,y}) <^* (\mathrm{p,q})\}$$

와 같다. 따라서 $\gamma\alpha < \gamma\beta$. ◁

(2) 결론을 부정하여 보자. 서수 α, β, γ $(\gamma > 0)$ 가 존재함으로써 $\gamma\alpha = \gamma\beta$ 이고 $\alpha \ne \beta$ 라고 가정한다. 지금 $\alpha < \beta$ ($\beta < \alpha$ 인 경우도 같은 방법으로 다룰 수 있다.)라고 가정하면 (1)에 의하여 $\gamma\alpha < \gamma\beta$. 이것은 가정 $\gamma\alpha = \gamma\beta$ 에 모순이다. 그러므로 (2)는 성립한다.

[참고] 서수의 곱셈에 있어서 좌분배법칙과 좌소거법은 성립하지만 우분배법칙과 우소거법은 반드시 성립하지는 않는다.

연습문제 7.4

1. 〈정리 4.2〉의 증명을 완성하여라.

2. 다음이 성립함을 보여라.

   (1) 임의의 서수 α 에 대하여

   $$0\alpha = 0 = \alpha 0,\ \ 1\alpha = \alpha = \alpha 1$$

   (2) $\alpha = 0$ 또는 $\beta = 0$ 이면, 그리고 그 때에만 $\alpha\beta = 0$

3. 다음이 성립함을 확인하여라.

   (1) $\omega 2 = \omega + \omega$

   (2) 임의의 유한서수 $k(k \neq 0)$ 에 대하여 $k\omega = \omega$

4. 서수의 곱에 있어서 우분배법칙이 반드시 성립하지 않는다. 이것을 보이기 위한 반례 하나를 들어라.

5. 서수의 곱에 있어서 좌분배법칙이 성립한다. 즉 임의의 서수 α,β,γ 에 대하여 $\gamma(\alpha+\beta) = \gamma\alpha + \gamma\beta$. 이것을 증명하여라.

6. 서수의 곱에 있어서 결합법칙이 성립한다. 즉 임의의 서수 α,β,γ 에 대하여 $(\gamma\beta)\alpha = \gamma(\beta\alpha)$. 이것을 증명하여라.

7. 다음은 〈정리4.4〉 (1)를 완화한 것이다 .이것을 증명하여라.

   서수 α,β,γ 에 대하여 $\alpha < \beta$ 이고 $\gamma > 0$ 이면 $\alpha\gamma \leqslant \beta\gamma$.

8. 위의 〈문제7〉에 있어서 $\alpha < \beta,\ \gamma > 0$ 은 $\alpha\gamma < \beta\gamma$ 를 반드시 함의하지는 않는다. 이것을 보여라.

9. 서수의 곱에 있어서 우소거법이 반드시 성립되지는 않는다. 즉 서수 $\alpha,\beta,\gamma\ (\gamma > 0)$ 가 존재함으로써 $\alpha\gamma = \beta\gamma$ 이지만 $\alpha \neq \beta$ 인 경우가 있다. 이러한 보기(반례) 하나를 들어라.

10. 다음은 〈정리4.4〉 (1)의 역이다. 이것을 증명하여라.

    서수 α,β,γ 에 대하여 $\gamma\alpha < \gamma\beta,\ \gamma > 0 \Rightarrow \alpha < \beta$.

§7.5 결론

이제 자연히 서수의 거듭제곱을 추구하여 봄직 하지만 그것은 보다 정도 높은 책으로 미루기로 하고 그 대신 먼저 서수의 순서를 다시 한번 음미한 후 서수의 이론적 관점에서 기수를 다시 고찰하도록 한다.

정리5.1 임의의 서수 α 에 대하여 $\beta < \alpha$ 인 모든 서수의 집합은 서수가 α 인 정렬집합이다. 즉

$$\text{ord}\{\beta | \beta < \alpha\} = \alpha$$

증명 서수가 α 인 정렬집합을 $(A, \leq)$라 하고 $\beta < \alpha$ 인 임의의 서수 β 에 대하여 $\text{ord}(B, \leq') = \beta$ 이라고 하면 A 의 원소 b 가 존재함으로써 B 는 A 의 진절편 A_b 와 순서동형적이다. 그런데 정리2.1로부터 원소 $b \in A$ 는 서수 β 에 의하여 일의적으로 정해진다. 따라서 $\beta = \text{ord}(B, \leq')$ 이고 $B \approx A_b$ 이면 $f(\beta) = b$ 에 의하여 주어진 함수 $f : \{\beta | \beta < \alpha\} \to A$ 는 잘 정의되어 있다. 여기서 이 함수 f 가 순서동형임을 보이는 것은 쉽다.

그러므로 $\{\beta | \beta < \alpha\}$ 는 정렬집합이고 $\text{ord}\{\beta | \beta < \alpha\} = \alpha$. ◁

[주] 〈정리5.1〉에 있어서 서수 α 를 집합 $\{\beta | \beta < \alpha\}$ 와 동일시함으로써 각 서수를 (서수의)정열집합으로 간주하면 편리하다. 이를테면,

$$0 \equiv \varnothing$$
$$1 \equiv \{0\}$$
$$2 \equiv \{0,1\}$$
$$3 \equiv \{0,1,2\}$$
$$\vdots$$
$$\omega \equiv \{0,1,2,\cdots\}$$
$$\omega+1 \equiv \{0,1,2,\cdots,\omega\}$$
$$\omega+2 \equiv \{0,1,2,\cdots,\omega,\omega+1\}$$
$$\vdots$$

$$\omega 2 \equiv \{0,1,2,\cdots,\omega,\omega+1,\cdots\}$$
$$\omega 2+1 \equiv \{0,1,2,\cdots,\omega,\omega+1,\cdots,\omega 2\}$$
$$\vdots$$

정리5.2 서수의 집합은 어느 것이나 정렬집합이다.

(증명) 이 정리에 반하여 적당한 서수의 집합 A 가 존재함으로써 A 는 정렬집합이 아니라고 가정한다. 그러면 A 의 부분집합, 말하자면 B 가 존재함으로써 B 는 최소원을 지니지 않는다. 따라서 B 는 엄밀한 뜻에서 감소하는 무한서수순열

$$\alpha_1 > \alpha_2 > \alpha_3 > \cdots$$

를 포함한다. 그런데 이 수열은 집합 $\{\beta|\beta < \alpha_1\}$ 에 포함되므로 $\{\beta|\beta < \alpha_1\}$ 은 정렬집합이 아니다. 이것은 〈정리5.1〉에 모순이다. ◁

서수를 집합으로 간주함에 있어서, 이를테면 자연수의 집합 N 과 대등한 모든 서수 α (α 는 집합이다 !) 의 집합 N 에는 다음과 같은 원소들이 있다.

$$\omega,\omega+1,\cdots,\omega2,\omega2+1,\cdots,\omega3,\cdots,\omega4,\cdots, \qquad \omega^2,\cdots,\omega^3\cdots,\omega^\omega,\cdots,\omega^{(\omega^\omega)},\cdots,\omega^{\omega^{\cdot^{\cdot^{\cdot}}}},\cdots$$

〈정리5.2〉에 따르면 집합 N 은 정렬집합이다. 그러므로 N 과 대등한 가장 작은 서수가 일의적으로 존재한다. 이 서수를 집합 N 의 **시수**(initial ordinal)라고 한다(이 시수는 ω 임을 쉽게 알 수 있다).

정리5.3 모든 서수의 집합은 존재하지 않는다.

(증명) 이 정리에 반하여 모든 서수의 집합 S 가 존재한다고 가정하면 정리 5.2에 의하여 S 는 정렬집합이다. S 의 서수를 σ 로 나타내면, σ 는 S 의 원소이어야 한다. 〈정리5.1〉과 〈정리2.4〉에 의하여 다음을 얻는다.

$$\sigma = \mathrm{ord}\{\beta \in S|\beta < \sigma\} = \mathrm{ord}S_\sigma < \mathrm{ord}S = \sigma$$

그러므로 $\sigma < \sigma$. 이것은 $\sigma = \sigma$ 에 모순이다. ◁

[별증] S와 σ를 위에서와 같이 정의하면 σ는 가장 큰 서수이다. 이것은 $\sigma < \sigma+1$이란 사실에 모순이다.

연습문제 7.5

1. 〈정리5.1〉의 증명에 있어서 주어진 함수 $f:\{\beta|\beta < \alpha\} \to A$는, 적당한 정렬집합 $(B, \leq ')$에 대하여 $\beta = \mathrm{ord}(B, \leq ')$이고 $B \approx A_b$ 일 때, $f(\beta) = b$ 이면 순서동형이다. 이것을 증명하여라.

2. 집합 $\mathbb{N}$ 의 서수는 ω 임을 증명하여라.

3. 각 집합은 서수를 일의적으로 지닌다. 이것을 증명하여라.

4. 집합 X, Y 에 대하여 X와 Y가 같은 서수를 지니면, 그리고 그 때에만 $X \sim Y$. 이것을 증명하여라.

5. 집합 X, Y에 대하여 X의 서수가 Y의 서수보다 작으면, 그리고 그때에만 $\mathrm{card}X < \mathrm{card}Y$. 이것을 증명하여라.

부록

❑ 자연수에 관한 페이노의 공리

❑ 찾아보기

자연수에 관한 페아노의 공리

자연수 1,2,3,⋯ 에 관한 체계는 정수계, 법이 정수인 잉여류계 등을 구성하는 출발점이 되고 있다. 그러면 무엇이 과연 자연수인가? 페아노(Giuseppi Peano, 1858–1932)는 이 질문에 자연수에 관한 **페아노의 공리**로 알려진 다섯 공리로 답하고 있다.

<자연수에 관한 페아노의 공리(The Peano Axioms)>

다음 공리를 만족시키는 집합 N 이 존재한다. 이 때 그 원소를 자연수라고 한다.

(1) N 에는 1로 나타낸 특별한 원소가 존재한다.

(2) 각 $n \in \mathrm{N}$ 에 대하여 그의 **후자**(successor)라고 불리우는 원소 n^+ 가 N 에 일의적으로 존재한다.

(3) 모든 $n \in \mathrm{N}$ 에 대하여 $n^+ \neq 1$

(4) N 의 원소 m, n 에 대하여 $m^+ = n^+ \Rightarrow m = n$

(5) 각 $n \in \mathrm{N}$ 과 N 의 부분집합 $\mathbb{P}$ 에 대하여

$[1 \in \mathbb{P} \ \wedge \ n \in \mathbb{P} \ \Rightarrow \ n^+ \in \mathbb{P}]$ 이면 $\mathbb{P} = \mathrm{N}$

임의의 $n \in \mathrm{N}$ 의 후자 n^+ 를 $n+1$ 로 적으면 더욱 편리할 것이다. 이를테면 $2=1+1$, $3=2+1$, $4=3+1$ 등과 같이 적는다. 특히 공리 (5)는 수학적 귀납법의 기반이 된다.

자연수의 덧셈은 다음과 같이 귀납적으로 정의한다.

(1) $1+y=y^+$

(2) $x^+ + y = (x+y)^+$

위의 (1), (2)와 수학적 귀납법을 이용하여 다음과 같은 자연수의 덧셈에 관한 기본성질을 증명할 수 있다.

(3) **결합법칙** $x+(y+z)=(x+y)+z$

(4) **교환법칙** $x+y=y+x$

(5) **소거법칙** $x+y=y+z \Rightarrow x=y$

여기서는 (3)만은 증명하기로 하고 (4)와 (5)는 연습문제로 둔다.

(증명) (3) y와 z는 이 증명을 통하여 N 의 고정된 임의의 원소라고 한다. (3)을 수학적 귀납법으로 증명하기 위하여 먼저 $1+(y+z)=(1+y)+z$임을 보인다. 이것은 다음과 같이 한 단계 한 단계씩 유도함으로써 끝낼 수 있다.

(1)에 의하여 $1+(y+z)=(y+z)^+$

(2)에 의하여 $(y+z)^+=y^++z$

(1)에 의하여 $y^++z=1+(y+z)$

그러므로 $1+(y+z)=(1+y)+z$

따라서 결합법칙 (3)은 $x=1$에 대하여 성립한다. 그러므로 수학적 귀납법에서의 첫째 조건이 만족된다. 다음은

$$k+(y+z)=(k+y)+z \text{ (귀납적 가정)}$$

으로부터

$$k^++(y+z)=(k^++y)+z$$

가 성립함을 보이는 일이다. 그런데

(2)에 의하여

$$k^++(y+z)=[k+(y+z)]^+$$

귀납적 가정에 의하여

$$[k+(y+z]^+=[(k+y)+z]^+$$

(2)에 의하여

$$[(k+y)+z]^+=(k+y)^++z$$

(2)에 의하여

$$(k+y)^++z=(k^++y)+z$$

그러므로 $k^++(y+z)=(k^++y)+z$.

따라서 수학적 귀납법에 의하여 (3)의 증명이 끝난다. ◁

자연수의 곱셈은 다음과 같이 귀납적으로 정의한다.

(6) $1y = y$

(7) $x^+ y = xy + y$

위의 (6), (7)과 수학적 귀납법에 의하여 다음과 같은 곱셈에 관한 기본성질도 유도할 수 있다

(8) **결합법칙** $x(yz) = (xy)z$

(9) **교환법칙** $xy = yx$

(10) **소거법칙** $xz = yz \Rightarrow x = y$

(11) **분배법칙** $x(y+z) = xy + xz$

곱셈에 대한 성질 (8), (9), (10)은 각각 덧셈에 대한 성질(3), (4), (5)와 비슷하다. 그뿐만 아니라 (8), (9), (10)의 증명은 (3), (4), (5)의 증명과 유사하므로 그 증명들을 또한 학생들에게 맡기기로 하고 여기서는 분배법칙 (11)만을 증명한다.

(증명) N 의 임의의 두 원소 y, z 는 이 증명을 통하여 고정된 것으로 하고 x 에 대한 수학적 귀납법에 의하여 (11)을 증명하기로 한다.

$x = 1$ 인 경우 (6)에 의하여 다음은 분명히 참이다.

$$1(y+z) = y + z = 1y + 1z$$

즉, $(y+z) = y + z$. 그러므로 수학적 귀납법의 첫 번째 부분은 만족된다. 이 증명을 완수하기 위하여 적당한 $k \in \mathrm{N}$ 에 대하여 다음이 참이라고 가정한다.

$$k(y+z) = ky + kz \quad (\text{귀납적가정})$$

그러면 (7)에 의하여 $k^+(y+z) = k(y+z) + (y+z)$

귀납적 가정에 의하여 $k(y+z) + (y+z) = (ky+kz) + (y+z)$

(3)에 의하여 $(ky+kz) + (y+z) = ky + kz + (y+z)$

(3)에 의하여 $ky + kz + (y+z) = ky + (kz+y) + z$

(4)에 의하여 $ky + (kz+y) + z = ky + (y+kz) + z$

(3)에 의하여 $ky + (y+kz) + z = ky + y + (kz+z)$

(3)에 의하여 $ky + y + (kz+z) = (ky+y) + (kz+z)$

(7)에 의하여 $(ky+y)+(kz+z)=k^{+}y+k^{+}z$

그러므로 $k^{+}(y+z)=k^{+}y+k^{+}z$

따라서 수학적 귀납법에 의하여 (11)이 성립한다. ◁

자연수의 집합 N 에서 순서의 개념을 다음과 같이 도입한다.

(12) 임의의 $x, y \in \mathrm{N}$ 에 대하여,

적당한 $z \in \mathrm{N}$ 가 존재하여 $x=y+z$이면, 그리고 그 때에만 $x>y$

순서에 관한 위 정의로부터 다음을 얻는다.

(13) 추이법칙 $x>y \ \wedge \ y>z \Rightarrow x>z$

(14) 삼자택일법칙 N 의 임의의 원소 x, y에 대하여 다음 중 꼭 하나만이 성립한다.

$x>y, \quad x=y, \quad y<x$

사실 자연수에 관하여 이미 알려진 모든 성질들은 페아노의 공리로부터 유도될 수 있다. 이제 이 부록을 마감함에 있어서 자연수계는 일의적이란 것을 주장하는 다음 정리를 증명 없이 소개한다.

정리 페아노의 공리 1부터 5까지를 만족시키는 두 집합 N, N' 에 대하여 (동형이라고 불리는) 일대일 대응 $f: \mathrm{N} \to \mathrm{N}'$ 이 존재하여 $f(1)=1', f(n+1)=f(n)+1'$. 여기서 $1'$는 페아노의 공리 1–5를 만족시키는 집합 N'의 특별한 원소이다.

찾아보기

ㄱ

가부번집합 141
가산집합 141
가정 29
간접증명법 32
같다 41
개구간 68
거짓 5
격자점 180
결론 29
결합법칙 15, 51, 166, 213, 218, 228, 229
공역 99
공집합 41
공집합의 공리 74
관계 84
교집합 50, 67
교환법칙 14, 51, 166, 169, 228, 229
구성적 양도논법 16
귀납적 가정 35
극대원 188
극소원 188
기수 155
기수곱 169
기수합 165

ㄴ

논리곱 5
논리적 가능성 5
논리적 동치 7
논리적 해석 4
논리합 6
논리합 삼단법 13
논증 29

ㄷ

단사 116
단사적 116
단순명제 4
단순화 법칙 13
단원부분집합 47
단원집합 65
대각관계 88
대등 139
대상영역 25
대우법칙 14
대칭적 86
대표집합 186
동치 7, 13
동치관계 86
동치류 93
둘째 좌표 78
드 모르간의 법칙 14
드 모르간의 정리 57

ㄹ

러셀의 역리 72

ㅁ

멱등법칙 14, 51
멱집합 46
멱집합의 공리 46
명제 3
명제술어 26
모듈수계 88
모순명제 19
모집단 25
무한집합 41, 132

ㅂ

반대칭적 184
반례 44
반사적 86
반연쇄 192
배리법 17, 32
벤 다이어그램 60
복합명제 4
부분순서 184
부분순서집합 184
부분집합 41
부정 6
분배법칙 15, 51, 169, 229
분출의 공리 45
분할 92
비교가능 43

ㅅ

사전식순서 216
삼단긍정법 16
삼단부정법 17
삼자택일 210
삼자택일정리 210
상 86, 99, 108
상계 188
상공간 88
상수함수 102
상한 188
서로 소 50
서수곱 217
서수합 212
선 도식 63
선택공리 136, 183
선택함수 184
선형순서 184
선형순서집합 184
성분 5, 39
소거법칙 228
수학의 원리 72
수학적 귀납법 35
순서동형 205
순서쌍 77
순열 123
순증가한다 202
시수 222
쌍의 공리 74
쌍조건문 9
쌍조건부 9

ㅇ

알레프 널 166
여집합 56
역관계 85
역사전식순서 216
역상 108
역함수 120
연속체 가설 181

연속체 문제 181
연속체문제 163
연쇄 185
연역적 22
연역적방법 22
연역적추론 22
완전순서집합 184
외연성공리 74
용인적 189, 209
원상 99
원소 39
원소 나열법 40
위로 116
유한기수 156
유한지표 195
유한집합 41, 132
이중부정법 14
이출법칙 23
이항계수 37
이항정리 37
인자군 88
일대일 116
일대일 대응 117
일반 드 모르간의 법칙 69
일반카테시안 곱 185
일반화 된 분배법칙 70

ㅈ

전단사 117
전단사적 117
전사 116
전사적 116
전순서 184
전순서집합 184
전체집합 46
전칭기호 25
절편 200
정당성 30
정렬 가능하다 196
정렬순서 196
정렬원리 196
정렬정리 196
정렬집합 196
정리 12
정의역 86, 99
제한사상 178
조건문 8
조건부 8
조건제시법 45
조른의 보조정리 193
족 65
존재기호 25
주대각선 88
증가한다 202
증명 12
직접증명 32
진리표 5
진부분집합 42
진절편 200
진포함집합 42
집합 39

ㅊ

차집합 56
참 5
첨수족 65
첨수집합 65
첫째 좌표 78

초한귀납법의 원리 201
초한기수 156
최대하계 188
최소상계 188
최소원 196
추론규칙 22
추이법칙 15
추이적 86
축소사상 178

ㅋ

카테시안 평면 78
카테시안 곱 78
칸토르-베른슈타인의 정리 157, 162
칸토르의 대각법 149
크기 155

ㅌ

타당성 30
특성함수 102

ㅍ

파괴적 양도논법 16
페아노의 공리 227
폐구간 68
포함집합 41
포함함수 103

ㅎ

하계 188
하우스도르프의 극대원리 190
하한 188
한정기호 26
한정기호의 부정규칙 26
함수 98
함의 12
합동관계 89
합성 90
합성함수 125
합의 법칙 12
합집합 50, 66
합집합의 공리 74
항등관계 88
항등법칙 51
항등함수 102
항위 19
항진명제 12
형식적 증명 31
확대집합 41
후자 227
흡수법칙 18

기타

X 법 93
X-사영 113
Y-사영 113

저 • 자 • 소 • 개

이상기
대구대학교 수학교육과 명예교수
대한수학회 대구경부지부회 총무이사
대구대학교 사범대학 학장
대구대학교 교무처장
대구대학교 부총장

박진우
경북대학교 전기전자컴퓨터공학부 BK21 박사후 연구원
성균관대학교 수학과 BK21 박사후 연구원
세한대학교 수학교육과 교수
대구대학교 수학교육과 교수

집합기초론

초판발행 2025년 2월 25일

지은이 이상기 · 박진우
펴낸이 오판근
펴낸곳 (주) 교우
주 소 서울시 동대문구 약령시로 8 교우빌딩 2층 (주)교우
전 화 02-925-2861 / **팩 스** 070-7966-8610, **편집부** 02-925-2825
홈페이지&북스토어 www.kyowoo.co.kr / **이메일** kyowoo@kyowoo.co.kr

등 록 1994년 3월 24일 제1994-000013호
ISBN 979-11-251-0410-0(93410)

Published by Kyowoo Co., Ltd. Printed in Korea

값 20,000원

교우미디어는 (주) 교우의 Imprint 사입니다.
수학정원·과학정원은 (주) 교우의 새로운 브랜드명입니다.

잘못된 책은 구입하신 서점에서 교환해 드립니다.